全国建筑装饰装修行业培训系列教材

建筑装饰装修工程
施工组织设计与进度管理

中国建筑装饰协会培训中心组织编写

穆静波　主编
刘贞平　主审

中国建筑工业出版社

图书在版编目(CIP)数据

建筑装饰装修工程施工组织设计与进度管理/中国建筑
装饰协会培训中心组织编写,穆静波主编.—北京:中国建
筑工业出版社,2002

全国建筑装饰装修行业培训系列教材
ISBN 978-7-112-05000-0

Ⅰ.建… Ⅱ.中… Ⅲ.①建筑装饰—施工管理—技
术培训—教材②工程装饰装修—施工管理—技术培训—
教材 Ⅳ.TU767

中国版本图书馆 CIP 数据核字(2002)第 011735 号

本书紧密围绕建筑装饰装修工程,详细阐述了装饰装修工程的特点、组织施工的程序、原则以及施工组织设计的概念和内容,流水施工原理与组织方法,网络计划的理论与应用,建筑装饰装修工程施工组织总设计的编制方法,装饰装修单位工程施工组织设计的编制方法与步骤以及装饰装修项目施工进度控制等内容。

本书主要作为建筑装饰装修行业培训教材,也可作为建筑装饰专业、室内装饰专业本专科及职业技术教育的教材,还可供从事建筑装饰装修工作有关人员参考。

全国建筑装饰装修行业培训系列教材
建筑装饰装修工程施工组织设计与进度管理
中国建筑装饰协会培训中心组织编写
穆静波 主编
刘贞平 主审

*

中国建筑工业出版社出版、发行(北京西郊百万庄)

各地新华书店、建筑书店经销

廊坊市海涛印刷有限公司印刷

*

开本:787×1092 毫米 1/16 印张:11½ 插页:2 字数:280 千字
2002 年 4 月第一版 2017 年 8 月第十三次印刷
定价:**16.00** 元
ISBN 978-7-112-05000-0
(10503)

全国建筑装饰装修行业培训系列教材
编写委员会

名誉主任：

马挺贵　张恩树　张鲁风　李竹成

主　任：

徐　朋

副 主 任：

燕　平　陶建明　王秀娟　吴　涛

张兴野　朱希斌　王燕鸣

编　　委（按姓氏笔画排列）：

卫　明　王本明　王秀娟　王树京

王瑞芝　王志儒　兰　㺞　冯贵宝

纪士斌　邝　明　张京跃　李引擎

杨建伟　周兰芳　陈一山　黄　白

郦善昌　潘宗高　穆静波

主　　编：

徐　朋

常务副主编：

王燕鸣

副 主 编：

杨建伟　陈一山

序

我国建筑装饰装修行业伴随着改革开放的进程迅速发展,建筑装饰装修施工逐渐从建筑施工的一部分发展为相对独立、具有较高技术含量和艺术创造性的专业化施工项目。建筑装饰装修施工项目管理的实践丰富了具有中国特色的工程项目管理理论。

建筑装饰装修施工项目管理是以建筑装饰装修工程项目为对象,以项目经理责任制为基础,以企业经营管理层与施工作业层相分离为特征,按照工程项目的内在规律进行科学地计划、组织、协调和控制的施工过程,同时,它又是建筑装饰装修企业管理的基础。

建筑装饰装修工程项目是各种生产要素的载体,是管理者素质和水平的综合体现,建筑装饰装修项目经理作为工程项目的指挥者、组织者和实施者,其素质如何、水平高低直接影响着工程产品的最终质量,反映着企业的整体形象和管理水平,关系到企业的经营发展。因此,培养和造就一支专技术、懂管理、会经营的建筑装饰装修企业项目经理队伍,对于规范建筑装饰装修施工行业,提高建筑装饰产品质量,提高建筑装饰装修行业整体水平,在国内和国际市场竞争中制胜具有重要意义。

根据建设部对项目经理培训工作的要求,受建设部主管部门的委托,在教材编写委员会的指导下,在广大学员、教师和有关专家的共同努力下,中国建筑装饰协会培训中心组织担任主要课程的教学人员和业内专家编写了这套"全国建筑装饰装修行业培训系列教材"。

本套教材在编写过程中,立足于突出建筑装饰装修行业的特点,加强建筑装饰装修施工项目管理理论知识的系统性、准确性和先进性,强调理论与实践相结合,完善建筑装饰装修项目经理的知识结构,体现出较高的科学性、针对性和实用性。

根据建设部建市(2003)86 号文件中"在充分发挥有关行业协会的作用,加强项目经理培训,不断提高项目经理队伍素质"的要求,中国建筑装饰协会于 2003 年 8 月 1 日发文对进一步做好装饰行业项目经理培训工作做出了具体安排,并对全套教材进行修订并再版。

值此教材重印之际，谨向给予我们重托并给予我们大力支持和指导的建设部各主管部门和为此套教材出版做出过重要贡献的专家致以衷心的感谢。

中国建筑装饰协会培训中心

2003 年 9 月

前　言

　　建筑装饰装修工程施工组织设计是指导工程施工准备和组织工程施工的控制性的技术经济文件。它是以一个建筑装饰装修工程为对象,运用统筹的基本原理和方法,采用先进的施工技术和管理方法,有预见性地规划和部署施工生产活动,制定科学合理的施工方案和技术组织措施,对整个建筑装饰装修工程进行全面规划,以实现有组织、有计划、有秩序地均衡生产,达到快速、优质、高效地完成工程任务的目的。组织好装饰装修工程施工并对工程的进度进行控制与管理是工程管理人员的主要职责,因而,编制、审查、应用好施工组织设计,是项目管理人员的一项重要任务。

　　就建筑装饰装修工程而言,它除了具有一般建筑工程的特点外,还具有工期短、质量严、工序多、材料品种复杂、与其他专业交叉多等特点,在组织施工及进度控制上难度较大,且其施工组织设计与进度管理的规律也具有独特之处。如施工的流向往往由上至下,施工作业的多专业、多工种、多工作面,施工中技术与艺术的结合,施工组织设计的阶段性和承继性等等。因此需充分认识这些特点,把握其特有的规律。

　　本书力求综合运用有关学科的基本理论和知识,紧密围绕建筑装饰装修工程的特点和规律,内容上尽量结合工程实际需要,深入浅出地阐述了编制建筑装饰装修工程施工组织设计与进行工程进度控制的基本理论和方法。主要内容包括:建筑装饰装修工程施工组织概论,装饰装修工程的流水施工,网络计划原理与应用,建筑装饰装修工程施工组织总设计,装饰装修单位工程施工组织设计的编制以及装饰装修项目施工进度控制等。

　　本书主要作为建筑装饰行业的培训教材,也可作为建筑装饰专业、室内装饰专业本专科及职业技术教育的教材,还可供从事建筑装饰装修工作有关人员参考。

　　本书由穆静波主编,刘贞平主审。在编写过程中参考了有关书籍和资料,在此谨对这些作者表示诚挚谢意。

　　由于水平有限,书中难免有不妥之处,敬请广大读者批评指正。

目　　录

第一章　建筑装饰装修工程施工组织概论

第一节　概　　述

一、装饰装修施工组织研究的对象与任务

改革开放和国民经济的迅速发展，使我国的建筑装饰装修行业呈现腾飞的局面。因此，专门从事建筑装饰装修的施工企业应运而生，装饰装修工程也已逐步成为跨行业、跨部门的独立的工程项目。随着社会经济的发展和建筑技术的进步，建筑装饰装修施工过程已成为十分复杂的生产活动。尤其是一些高级装饰装修施工项目，不但需要组织安排各种专业的建设人员和各种类型的机具、设备，在一定的时间和空间内有条不紊地投入施工，而且还需要组织品种繁多、数量巨大的装饰装修材料以及构配件和半成品的生产、运输、检查、贮存、供应工作，还需组织施工现场的临时供水，供电、供热，搭建生产和生活所需的各种临时设施，协调各有关单位及内外关系。这些工作的组织与协调，对于多快好省地完成任务、提高企业的经济效益和社会效益具有十分重要的意义。

建筑装饰装修施工组织就是针对其施工的复杂性，探讨与研究装饰装修工程的统筹安排与系统管理客观规律的一门学科。它研究拟装工程实施中的组织与计划，寻求最合理的组织方法与计划安排。装饰装修施工组织的任务，具体地说，就是根据建筑装饰装修工程的技术经济特点、国家的建设方针政策和法规、业主的要求及提供的条件与环境，对人力，资金、材料、机具和施工方法等进行合理的安排，对各单位之间、各工种之间、各项资源之间、资源与时间之间的关系进行合理的协调，使之在一定的时间和空间内，实现有组织、有计划、有秩序地施工，以期在整个工程中实现工期短、质量高、成本低的相对最优效果。

在我国，施工组织与进度管理作为一门学科还很年轻，也很不完善，但日益引起广大施工管理者的重视。因为根据它编制的施工组织设计是进行工程投标的必备条件，是指导工程实施的重要文件，可以说它能为企业和承包者带来直接的、巨大的经济效益。目前，装饰装修施工组织与进度管理已是建筑装饰工程专业的必修课程，也是装饰装修工程项目管理者的必备知识。

学习和研究建筑装饰装修施工组织与进度管理，必须具备建筑装饰装修设计与构造、装饰材料、装饰装修施工技术等知识。进行装饰装修工程的施工组织与进度控制管理，是对专业知识，组织管理能力，应变能力及现代化管理手段等的综合运用。现在，本学科已广泛应用了其他学科的相关知识；同时也全面发展了现代化的定量方法和计算手段及组织方式，以使得在组织工程施工的进度、成本、质量控制中，达到更快、更准、更简便的目的。

装饰装修工程千差万别，需组织协调的关系错综复杂。因此，在实际工程中，没有一种固定不变的组织管理方式与模式能运用于一切工程。必须充分认识并掌握建筑装饰装修施工的特点和规律，才能从具体条件出发，做到精心组织、科学规划与安排，从而制定出

切实可行的装饰装修施工组织设计，并据此严格控制与管理，全面协调好装饰装修施工中的各种关系，充分利用各项资源以及时间与空间，取得最佳效果。

二、建筑装饰装修的产品及其生产的特点

建筑装饰装修是建筑物的一个重要组成部分，是体现建筑特色、实现建筑物各方面功能的重要保证，也是改善环境、提高结构寿命的重要手段。装饰装修施工实质上是建筑施工的继续和延伸。因此，装饰装修产品及其生产的特点既具有建筑产品的属性，又有其特殊性。

1. 产品的固定性与生产的流动性

装饰装修附着于建筑物的结构表面，而结构通过基础固定于地球上。也就是说产品的建造和使用地点在空间上是固定不动的，这与一般工业产品有着显著区别。

产品的固定性决定了生产的流动性。一般的工业产品都是在固定的工厂、固定的车间或固定流水线上进行生产，而建筑及其装饰装修产品的生产则是在不同的地区，或同一地区的不同现场，或同一现场的不同部位组织工人、机械围绕同一产品进行生产。因而，参与生产的人员以及所使用的机具、材料只能在不同的地区、不同的建造地点及不同的高度空间流动，使得生产难以做到稳定、连续、均衡。

2. 产品的多样性与生产的单件性

建筑及其装饰装修产品不但要满足各种使用功能的要求，还要达到某种艺术效果，体现出地区特点、民族风格以及物质文明与精神文明的特色，同时也受到材料、技术、经济、地区的自然条件等多种因素的影响和制约，使得其产品类型多样、姿色迥异、变化纷繁。

建筑及其装饰装修产品的固定性和多样性决定了产品生产的单件性。一般的工业产品是在一定的时期里，以统一的工艺流程进行批量生产。而每一个建筑装饰装修产品则往往是根据其使用功能及艺术要求，单独设计和单独施工。即使是选用标准设计、通用构配件，也往往由于施工条件的不同、材料供应方式及施工队伍构成的不同，而采取不同的组织方案和施工方法，也即生产过程不可能重复进行，只能单件生产。

3. 产品的庞大性与生产的综合性、协作性

建筑及其装饰装修产品无论是复杂的、还是简单的，为了达到其使用功能的要求，满足所用材料的物理力学性能要求，需要占据广阔的平面与空间，耗用大量的物质资源，因而其体形大、高度大、重量大。产品庞大这一特点，对材料运输、安全防护、施工周期、作业条件等方面产生不利的影响；同时，也给我们综合各个专业的人员、机具、设备，在不同部位进行立体交叉作业创造了有利条件。

由于建筑装饰装修产品体形庞大、构造复杂，需要建设，设计、施工，监理、构配件生产、材料供应，运输等各个方面以及各个专业施工单位之间的通力协作。在企业内部，要在不同时期、不同地点和不同产品上组织多专业、多工种的综合作业。在企业外部，需要城市规划、土地征用、勘察设计、消防、公用事业、环境保护、质量监督、科研试验、交通运输、银行财政、机具设备、能源供应、劳务等社会各部门和各领域的协作配合。可见，建筑装饰装修产品的生产具有复杂的综合性、协作性。只有协调好各方面关系，才能保质保量如期完成工程任务。

4. 产品的复杂性与生产的干扰性

建筑装饰装修工程涉及范围广、类别杂、部位多、层次多，做法多样、形式多变；它

集建筑、建材、纺织、化工、机械、电子、冶金、家具、工艺美术等行业为一体；它需使用数千种不同规格的材料；它要保护和美化建筑物的结构；它要对电力照明系统、通风空调系统、给排水系统、消防系统、电信系统等管线部分进行遮挡，与其使用部分恰当连接；它要使技术与艺术融为一体；这些充分体现了建筑装饰装修产品的复杂性。

在工程的实施过程中，受政策法规、合同文件、设计图纸、人员素质，材料质量、能源供应、场地条件、周围环境、自然气候、安全隐患、基体特征与质量等多种因素的干扰和影响。必须在精神上、物质上做好充分准备，以提高抗干扰的能力。

5. 产品投资大，施工工期紧

建筑产品的生产属于基本建设的范畴，需要大量的资金投入。建筑物的一般装饰装修造价约占建筑工程总造价的30%左右，高级装饰装修的造价往往占建筑工程总造价的50%以上。可见，装饰装修工程资金投入之大。

建设单位（业主）为了及早使投资发挥效益，对工期要求较紧；有时为了弥补基础及结构施工的延误，使得装饰装修施工的工期更为紧迫；且在施工中手工作业多，施工工序多，工艺复杂，不同专业、不同工种交叉作业频繁，大量工序需要技术间歇，再加上各种因素的干扰，使得工期更紧。

6. 质量要求高，确保质量难

装饰装修工程要满足建筑物多种功能要求，要通过造型、色彩、质感等体现艺术效果，要长时间地暴露于建筑物表面；它既有较强的功能性、艺术性，又有广泛的群众性；建筑装饰装修阶段的工程质量对整个工程能否评优起着关键性作用。因而，其质量要求很高。

然而，装饰装修施工质量常受到多种因素的影响。如设计质量；材料及加工品的供货质量，运输、储存、保管条件；机具的配备与性能；施工程序与顺序安排；各专业之间的相互干扰；施工方法及成品保护措施；企业的管理水平与施工人员的技术水平；季节气候、工期等，都会对产品质量产生重要影响。

以上特点对工程的组织实施影响很大，必须根据各个工程的具体情况，制定切实可行的施工组织设计，以保证工程圆满完成。

三、建筑装饰装修工程的施工程序

建筑装饰装修施工是工程建设的一个主要阶段。由于其本身具有施工周期较短，新工艺应用较多，劳动量消耗大，质量要求严等特点，使管理难度加大。因此，在整个建筑装饰装修施工中，必须加强科学管理，严格按照施工程序开展工作。

装饰装修工程的施工程序是指在整个装饰装修施工阶段，所必须遵循的一般顺序。通常是指从接受施工任务开始，直到交工验收和保修所包括的各主要环节的先后顺序。一般包括：承接任务、施工规划、施工准备、组织施工、竣工验收、回访保修等六个环节，分述如下。

（一）承接施工任务，签订施工合同

目前，装饰公司承接施工任务的方式主要有三种：

1. 上级下达式。具体有两种情况，一种是由上级主管单位（如总公司）统一接受任务后，再分派到本单位（分公司）；另一种是由于工程的特殊性（如专业程度高、军事保密性强或国家重点项目），而由主管部门靠行政管理手段下达的。随着市场经济的不断建立，这种方式已越来越少。

2. 招投标式。即参加投标，中标得到的。这种形式现已很普遍，它已成为装饰装修企业承揽工程的主要渠道，也是建筑业市场成交工程的主要形式。

3. 主动承接式。建设单位（或业主）直接将工程委托给施工单位，或施工单位直接向建设单位（或业主）承揽工程。这种形式一般仅用于招投标范围以外的较小工程项目。

无论是哪种方式承接的工程项目，施工单位必须与业主签订施工合同，以减少不必要的纠纷，确保工程的实施和结算。

（二）调查研究，做好施工规划

甲乙双方签订好施工合同后，施工总承包单位首先应对当地技术经济条件、气候条件、主体结构情况、施工环境、现场条件等方面做进一步调查分析，做好任务摸底。其次要部署施工力量，确定分包项目，寻求分包单位，签订分包合同。如铝合金或塑料门窗工程、幕墙工程、音响系统、自动扶梯等。此外要派先遣人员进场，做好施工准备工作。

（三）落实施工准备，提出开工报告

施工准备工作是保证按计划完成施工任务的关键和前提，其基本任务是为施工创造必要的技术和物质条件。它是坚持施工程序的重要环节，是加强施工管理的重要内容。施工准备工作通常包括技术准备、物资准备、劳动组织准备、施工现场准备和施工场外准备等几个方面。当一个项目进行了图纸会审，批准了施工组织设计、施工图预算；搭设了必需的临时设施，建立了现场组织管理机构；人力、物力、资金到位，能够满足工程开工后连续施工的要求时，施工单位即可向主管部门申请开工。

（四）全面施工，加强管理

开工报告批准后，即可进行装饰装修工程的全面施工。此阶段是整个装饰装修工程中最重要的一个阶段，它决定了施工工期，产品质量、成本和施工企业的经济效益，因此，精心组织施工是一个极为关键的环节，为此，应注意以下几个方面的问题。

（1）严格按照设计图纸和施工组织设计进行施工；

（2）搞好协调配合，及时解决现场出现的矛盾，做好调度工作；

（3）把握施工进度，做好施工进度的控制与调整，确保施工工期；

（4）采取有效的质量管理手段和保证质量措施，执行各项质检制度，确保工程质量；

（5）做好材料供应工作，执行材料进场检验、保管、限额领料制度；

（6）做好技术档案工作，按规定管理好图纸及洽商变更、检验记录、材料合格证等有关技术资料；

（7）做好成品的保养和保护工作，防止成品的丢失、污染和损坏；

（8）加强施工现场平面图管理，及时清理场地，强化文明施工，保证道路畅通；

（9）控制工地安全，做好消防工作。

（五）竣工验收，交付使用

竣工验收是装饰装修施工的最后一个阶段，也是一个法定的手续。它是全面考核设计和施工质量的重要环节。根据国家有关规定，所有建设项目和单项工程按照设计文件所规定的全部内容建完后，必须进行工程检验与质量等级评定。凡是质量等级不合格的工程不准交工，不准报竣工面积，当然也不能交付使用。

国家颁布的《建筑工程质量检验评定标准》（GBJ 301—88）中，将装饰装修工程质量优良，列为单项工程质量优良的必备条件。这一条件，充分说明了装饰装修工程在建筑工程中占有重要地位。在工程验收阶段，施工单位应首先自检合格；再请设计单位、业主及监理单位进行检验；满足各方面要求后，再交国家质量监督部门进行验收或备案，以取得质量证书。国家质量监督部门通过对各分部分项工程按有关验收规范的验评标准，判定出各分部分项工程的质量等级，从而确定整个工程能否通过验收及达到的质量等级。

（六）保修回访，总结经验

在法定及合同规定的保修期内，对出现质量缺陷的部位进行返修，以保证满足原有的设计质量和使用效果要求。通过定期回访和保修，不但方便用户、提高企业信誉，同时也为以后施工积累经验。

第二节　建筑装饰装修工程的施工准备工作

建筑装饰装修工程施工准备工作是指为了保证整个工程能够按计划顺利实施，在施工前必须做好的各项准备工作。它是装饰装修施工程序中的重要环节，是生产经营管理的重要组成部分。

一、施工准备工作的任务及重要性

装饰装修工程施工准备工作的基本任务，是充分调查研究各种有关装饰装修施工的原始资料、施工条件以及业主要求，全面合理地部署施工力量，从计划、技术、物资、资金、劳动力、机具设备、组织机构、现场条件以及外部施工环境等方面，为拟装工程的顺利施工创造一切必要的条件，并对施工中可能发生的各种变化做好应变准备。

由于装饰装修施工是在各种各样的环境条件下进行，投入的生产要素多且易变，影响因素又很多，在施工中难免会遇到各种各样的问题。如果事先缺乏充分的准备，必然使工程陷于被动，使施工无法正常进行。因此，做好施工的准备工作是全面完成装饰装修施工任务的必要条件，它既可为整个装饰装修工程的施工打好基础，同时又为各个分部工程的施工创造先决条件。认真细致地做好施工准备工作，对充分发挥企业优势、合理配置资源、加快施工进度、提高工程质量、降低工程成本、实现文明施工、保证施工安全、增加企业经济效益、赢得企业社会信誉、实现企业管理现代化等方面，都具有重要意义。

实践证明：凡是重视施工准备工作，积极为拟装工程创造一切施工条件的，其工程施工就会顺利地进行；否则，其工程就会难以正常施工，甚至造成损失或带来灾难。

二、装饰装修工程施工准备工作分类

1. 按准备工作的范围分类

按施工准备工作的范围不同，一般可分为全场性施工准备、单位工程施工条件准备和分部（分项）工程作业条件准备等三种。

（1）全场性施工准备

它是以一个建设项目为对象而进行的各项施工准备。其特点是，它的施工准备工作的目的和内容都是为全场性施工服务的，它既为全场性的施工活动创造有利条件，同时也兼顾单位工程施工条件的准备。

（2）单项（位）工程施工条件准备

它是以一个建筑物的装饰装修为对象而进行的施工条件准备，其目的和内容都是为该单项（位）工程服务的，它既要为单项（位）工程做好开工前的一切准备，又要为其分部

（项）装饰装修工程的施工进行作业条件的准备。

（3）分部（项）工程作业条件准备

它是以一个分部（项）装饰装修工程为对象而进行的作业条件准备。

2. 按准备工作所处的施工阶段分

（1）开工前的施工准备工作

它是在装饰装修工程开工前所进行的一切准备工作，其目的是为装饰装修工程正式开工创造必要的施工条件；它既包括全场性的施工准备，又包括单项工程施工条件的准备。

（2）开工后的施工准备工作

它是装饰装修工程开工后，在每个分部分项工程开始前所进行的施工准备。其目的是为各分部分项工程的顺利施工创造必要的施工条件。它是施工期间经常性的施工准备工作，主要是作业条件的准备。它带有局部性和短期性。因此，要求该项准备工作应及时完成。

由上可知，装饰装修施工的准备工作不仅要在开工前的准备期进行，而且随着工程的进展，在各分部分项工程施工前，都要做好相应的施工准备工作。因此，施工准备工作应有计划、有步骤、分阶段进行，使其既有阶段性，又要有连贯性。

三、装饰装修工程施工准备工作的内容

装饰装修施工准备工作涉及的范围广、内容多，主要可归纳为以下五个方面。

1. 技术准备

技术准备工作，即通常所说的"内业"工作，它是其他准备工作的基础和依据，并可为装饰装修施工生产提供各种指导性文件。其主要内容包括：

（1）熟悉、审查施工图纸及有关的设计资料

施工管理人员、技术及其他各职能部门人员，对于装饰装修施工图纸、设计资料、设计说明书等文件，应当非常熟悉和清楚。这样才能在明确设计意图和设计技术要求的基础上，做出切合实际的施工决策和施工预算，编制出切实可行的施工组织设计，有效地组织工程的实施。同时，在熟悉和审查图纸过程中，注意发现图纸中存在的问题和错误，使其改正在施工开始之前，以保证工程的顺利进行。

1）熟悉图纸及有关技术资料

对不同装饰装修施工部位，要搞清其所用的材料、标准图说明、施工工艺及质量要求。明确装饰装修与结构的关系，变形缝的做法及防水处理的特殊要求等。并通过对设计图纸的熟悉，以了解设计人员的设计意图和意境。

2）审查图纸及设计技术资料

审查图纸通常分为自审、会审和现场签证三个阶段进行。

自审是施工单位收到设计图纸和有关技术文件后，组织有关的工程技术人员分别看图，并记录对图纸的疑问和建议。审查设计图纸及其他设计技术资料时，应着重注意以下问题：

a. 设计图纸是否符合国家有关的技术规范要求；是否符合卫生、防火等要求；是否符合有关方面对设计、施工的规定。

b. 图纸是否完整、齐全，图纸之间、图纸与说明之间有无矛盾，规定是否明确；

c. 图纸中的尺寸、位置、标高有无错误、遗漏和矛盾；

d. 装饰装修施工与结构及水电管线、灯饰、空调通风等系统的安装施工存在哪些技术问题，能否合理解决；

e. 设计中所选用的各种材料、配件、设备，在组织采购供应时，其品种、规格、性能、质量、数量等方面能否满足设计规定的要求；

f. 对图纸和设计技术资料有什么合理化建议及其他有关问题。

总之，在熟悉和审查图纸过程中，对发现的错误、问题及施工的难点、建议应做出标记、做好记录，以便在图纸会审时提出并加以解决，力争减少开工后的洽商和变更，减少返工和浪费，提高工程的设计合理性和施工的可行性、易施性。

设计图纸的会审一般由业主或监理单位主持，设计单位和施工单位参加。首先由设计单位进行图纸交底，即由设计主持人说明设计依据、意图和功能要求，并对新技术、新材料、新工艺及特殊构造提出设计要求。然后施工单位根据自审记录以及对设计意图的了解，提出对设计图纸的疑问和建议。最后对各方面提出的问题，特别是业主的意见，经充分协商后应形成"图纸会审纪要"。由业主或监理正式行文，参加图纸会审的各单位签章，作为设计图纸的修改文件和工程结算的依据。

设计图纸的现场签证是在拟装工程的施工过程中，如果发现施工的条件与设计图纸的条件不符，或者发现图纸中仍然有矛盾、遗漏、错误，或者因为材料的规格、质量不能满足设计要求，或者因为施工单位提出了合理化建议，需要对设计图纸进行及时修订时，应遵循技术核定和设计变更的签证制度，进行图纸的施工现场签证。如果设计变更的内容对工程的规模、投资影响较大时，要报请项目的原批准单位批准。在施工现场进行的图纸修改、技术核定和设计变更资料，也都要有正式的文字记录，归入拟装工程施工档案，作为指导施工、竣工验收和工程结算的依据。

（2）学习、熟悉有关规范、规程和规定

技术规范、规程是国家制定的建设法规，是实践经验的总结，在技术管理上具有法律作用。装饰装修施工单位必须按有关的规范、规程和规定施工。装饰装修工程施工中常用的技术规范、规程和规定主要有以下几种：

1）建筑装饰装修工程质量验收规范；

2）建筑内部装修设计防火规范；

3）玻璃幕墙工程技术规范；

4）装饰工程质量评定标准；

5）建筑装饰装修管理规定；

6）上级有关部门所颁发的其他技术规范和规定等。

装饰装修工程技术人员在接受施工任务后，一定要结合本工程的实际，认真学习并熟悉有关的技术规范、规程和规定，为保证优质、安全，按时完成工程任务打下坚实的技术基础；同时这也是提高工程技术人员自身素质的一个有效方法。

（3）原始资料调查分析

原始资料对进行工程投标、编制施工组织设计，编制施工预算、进行施工准备和组织工程实施都有着重要意义。调查的主要内容如下：

1）自然条件调查分析

它包括建设地区的气象、场地的地形、施工现场地上地下障碍物状况、周围居民及环境状况等。以便在组织施工时采取相应的施工方法和措施。

2）技术经济条件调查分析

主要包括工程所在地的建筑生产企业、地方资源、交通运输、水电及其他能源情况，主要设备、劳动力和材料供应状况，生产能力和生活水平等。

3）结构及基层状况的调查分析

主要调查结构完成或进展情况，基础和结构的内在质量及表面的强度、垂直度、平整度，其表面材料与拟装材料的亲和力，现有管线设备或在装管线设备的内在质量及安装质量，防水状况，结构的变形状况等。

（4）编制施工预算

施工预算是根据工程概算或施工图预算、施工图纸、施工组织设计或施工方案、施工预算定额等文件进行编制的。它是施工企业内部控制各项成本支出、考核用工、"两算"对比、签发施工任务单、限额领料、基层进行经济核算的依据，也是进行工程分包的依据。

（5）编制施工组织设计

建筑装饰装修的整个施工活动，是非常复杂的物质财富再创造的过程。为了正确处理人与物、主导与辅助、技术与艺术、专业与协作、供应与消耗、生产与保护、使用与维修以及它们在空间布置、时间排列之间的关系，必须根据拟装工程的规模、构造特点和业主的要求，在原始资料调查分析的基础上，编制出一份能切实指导该工程全部施工活动的科学方案，即施工组织设计。

施工组织设计是施工准备工作的重要组成部分，也是指导施工现场全部生产活动的一个综合性技术经济文件。它既要体现设计的要求，又要符合施工活动的客观规律，对施工全过程起到战略部署和战术安排的双重作用。由于建筑装饰装修工程的技术经济特点，使其不可能有一个通用的、定型的、一成不变的施工组织方法。所以，每个装饰装修工程项目都需要分别确定施工组织形式并单独编制施工组织设计，以作为组织和指导工程施工的重要依据。

2．劳动组织准备

（1）建立领导机构

装饰装修施工项目领导机构常采用项目经理部的形式。项目经理部的组成，应视工程规模、特点和复杂程度，确定适当人选和名额；要坚持合理分工与密切协作相结合、因事设职、因职选人的原则；要将富有经验、工作效率高、有创新意识的人选入项目领导班子。

（2）建立合理的施工队组

施工队组的建立要认真考虑专业、工种的合理搭配，技工、普工的比例要满足合理的劳动组织要求；要按照流水施工组织方式的要求，确定哪些施工过程建立专业施工队组，哪些施工过程建立混合施工队组；要坚持合理、精干的原则。同时制定出该工程的劳动力的来源和建制计划。

（3）组织劳动力进场，做好培训考核工作

工地的领导机构确定之后，按照开工日期和劳动力需要量计划，组织劳动力陆续进场。同时要进行安全、防火和文明施工等方面的教育，并安排好职工的生活。对专业性、技术性要求较高的作业项目，应按照有关规定或企业要求做好培训、考核和技术更新工作，执行持证上岗制度。对于某些采用新工艺、新做法、新材料、新技术的项目，应对有关人员进行集中培训，使之达到要求后再上岗操作。

（4）进行工程交底

在各分部分项工程开工前应及时向施工队组、工人进行施工组织设计、计划和技术的交底。目的是使施工队组和工人明确拟装工程的设计意图与要求、施工计划和施工技术等要求，以全面落实计划和技术责任制，保证工程严格地按照设计图纸，施工组织设计、安全操作规程和施工验收规范等要求进行施工。

交底的内容有：工程的施工进度计划、月（旬）作业计划；施工方案与方法，尤其是施工工艺、质量标准、安全技术措施、降低成本措施和施工验收规范的要求；新做法、新材料、新技术和新工艺的实施方案和保证措施；图纸会审中所确定的有关部位的设计变更和技术核定等事项。交底工作应按照管理系统逐级进行，由上而下直到工人班组。交底的方式应以书面形式为主，辅以口头交底和现场示范等。

施工队组在接受施工任务书、作业计划和技术及安全交底后，要组织其成员进行认真的分析研究，弄清关键部位、质量标准、安全措施和操作要领。必要时应该进行示范，应明确任务、做好分工协作，同时建立健全岗位责任制和保证措施。

（5）建立健全各项管理制度

工地的各项管理制度是否建立、健全，直接影响其各项施工活动的顺利进行。有章不循其后果是严重的，而无章可循更是危险的。因此必须建立、健全工地的各项管理制度。通常内容如下：

施工图纸学习与会审制度；工程技术档案管理制度；工程质量检查与验收制度；材料（构配件、制品）的检查验收制度；技术责任制度；技术交底制度；职工考勤、考核制度；工地及班组经济核算制度；材料出入库制度；安全操作制度；机具使用保养制度等。

3. 施工物资准备

材料、构（配）件、制品、机具和设备是保证施工顺利进行的物质基础。必须在工程开工之前，根据各种物资的需要量计划，分别落实货源，安排运输和储备，使其满足连续施工的要求。一般应考虑以下几方面的内容：

（1）根据施工预算、分部（分项）工程施工方法和施工进度的安排，拟定材料、构（配）件及制品、施工机具和其他设备等物资的需要量计划；

（2）根据各种物资需要量计划，组织货源，确定加工、供货单位和供应方式，签订物资供应合同。对于某些高级装饰装修材料、特殊灯具、室内外设备等市场供应量小，需异地加工或异地采购者，更应充分重视，及时提出数量、规格和品种，并掌握预算价格与市场价格，做到有备无患。对需进口的高档装饰装修材料，应按规定办理使用外汇和国外订货的审批手续，明确合同中材料的种类、规格、型号、质量等级，及时组织采购；

（3）根据各种物资的需要量计划和合同，拟定运输计划和运输方案；

（4）按照施工总平面图的要求，组织物资按计划时间进场，在指定地点，按规定方式进行储存或堆放。对装饰装修施工机具，要选择适当的电源，检查机具规格、型号，并进行试运转，发现问题，应及时维修，以保证机具能正常安全地使用。

4. 施工现场准备

施工现场是施工的全体参加者进行施工活动的空间。施工现场的准备工作，主要是按施工组织设计的要求和安排，给拟装工程的施工创造有利的施工条件和物资保证。其具体内容如下：

（1）按协议条款约定，清除场内一切影响施工的障碍。

（2）尽量利用结构施工或永久性的管线设施，解决现场的用水、用电和道路问题。

（3）按施工组织设计确定的方法、位置和面积、尺寸等要求，组织修建各种生产性、生活性临时房屋。

（4）按照场容管理的有关规定和要求，对于指定施工用地进行围挡。

（5）组织先期材料及工具设备的进场、布置和存放。

（6）安装垂直运输、搅拌及其他施工机械，并进行保养、调试与试车。

（7）进行材料的配比试验，制作样板块、样板间等。

（8）按工程所在地的自然条件和工程具体情况做好冬雨季施工准备。

5. 施工的场外准备

施工准备除了要进行施工现场内部技术、物资和环境的准备外，还要做好施工现场外部的准备工作。主要内容如下：

（1）做好分包工作，签订分包合同

由于施工单位本身的力量所限，某些有特殊要求的装饰装修或设备安装需向外单位委托。因此，应根据工作量，完成日期，工程造价和工程质量要求等情况，选择好分包单位并签订分包合同，且要监督其保质保量按期完成。

（2）搞好外部环境的建设

装饰装修施工是在固定的地点进行的，必然要与当地的有关部门或单位发生联系，应按当地政府部门的有关要求办妥各种手续，为正常施工创造一个良好的外部环境。

第三节　建筑装饰装修工程施工组织设计

一、施工组织设计的性质和任务

施工组织设计是用来指导拟装工程施工全过程中各项活动的技术、经济和组织的综合性文件，也是对施工活动进行统筹规划和科学管理的有效手段。施工组织设计是在充分研究工程的实际情况和施工特点的基础上编制，用以规划、部署施工活动的各个方面，按最适宜的施工方案和技术组织措施组织施工，以实现最好的社会效益和经济效益。由于装饰装修的多样性及生产的单件性等特点，每项装饰装修工程都必须单独编制施工组织设计，施工组织设计经批准后才允许正式施工。

装饰装修施工组织设计的任务是：根据国家的有关技术政策和规定、业主的要求、设计图纸和组织施工的基本原则，从拟装工程施工全局出发，结合工程的具体条件，选择经济、合理、有效的施工方案；确定合理、可行的施工进度；拟定有效的技术与组织措施；采用最佳的劳动组织，确定施工中劳动力、材料、机械设备等的合理配置；合理布置施工现场空间，以确保全面高效地完成装饰装修施工任务。

二、施工组织设计的作用

施工组织设计在每项装饰装修工程中具有重要的规划、组织和指导作用。具体如下。

（1）实现科学管理的依据和保证。通过施工组织设计的编制，可以全面考虑拟装工程的各种具体施工条件，扬长避短地拟定合理的施工方案，确定施工顺序、施工方法、劳动组织，制定有效的技术组织措施，进行统筹安排并合理地拟定施工进度计划，保证工程按期投产或交付使用。

（2）可检验充实装饰装修设计方案。施工组织设计的编制，为拟装工程的设计方案在经济上的合理性、技术上的科学性和实施上的可能性进行论证提供了依据。

（3）编制施工计划的依据和实现施工计划的保证。施工计划是根据企业对装饰装修市场所进行科学预测和获得工程的标的，结合本企业的具体情况，制定出的本企业不同时期应完成的生产计划和各项技术经济指标。而施工组织设计是按具体的拟装工程对象的编制、具有开竣工时间和进度安排及各项技术经济指标的文件。因此，施工组织设计与装饰装修企业的施工计划两者之间有着极为密切、不可分割的关系。施工组织设计是编制企业施工计划的基础，反过来，制定施工组织设计又应服从企业的施工计划，两者是相辅相成、互为依据。同时，施工组织设计又是施工计划实现的重要保证。

（4）确定资源的供应与配置。施工组织设计所提出的各项资源需要量计划，直接为采购、供应工作提供了数据。施工企业可以提前掌握人力、材料和机具使用上的先后顺序，全面安排资源的供应与消耗。

（5）合理规划施工场地。施工组织设计对现场所作的规划与布置，可以合理地确定临时设施的数量、规模和用途，以及临时设施、材料和机具在施工场地上的布置方案。为现场的文明施工创造了条件，并为现场管理提供了依据。

（6）保证施工准备的完成。通过施工组织设计的编制，可以预计施工过程中可能发生的各种情况，事先做好准备工作和预防工作，为施工企业实施施工准备工作计划提供依据。

（7）协调施工中的各种关系。通过对工程的部署、确定展开程序及对进度、资源、现场的安排，可有效地协调各施工单位间、各工种间、各种资源间、空间布置与时间安排间的关系，使工程有条不紊地进行。

（8）进行生产管理的基础。建筑装饰装修产品的生产和其他工业产品的生产一样，都是按要求投入生产要素，通过一定的生产过程，而后生产出成品，而中间转换的过程离不开管理。装饰施工企业也是如此，从承担装饰装修工程任务开始到竣工验收交付使用为止的全部施工过程的计划、组织和控制的投入与产出过程的管理，基础就是科学的施工组织设计。

（9）使工程顺利实施的重要保证。通过编制施工组织设计，可充分考虑施工中可能遇到的困难与障碍，主动调整施工中的薄弱环节，事先予以解决或排除，从而提高了施工的预见性，减少了盲目性，使管理者和生产者做到心中有数，为实现最终目标提供了技术保证。

实践证明，对于一个拟装工程来说，如果施工组织设计编制得合理，能正确反映客观实际，符合建设单位和设计单位的要求，并且在施工过程中认真地贯彻执行，就可以保证拟装工程施工的顺利进行，取得好、快、省和安全的效果，早日发挥基本建设投资的经济效益和社会效益。

三、施工组织设计的分类

施工组织设计是以施工项目为对象进行编制。按承包工程的范围不同，施工组织设计可分为完整施工组织设计和阶段性施工组织设计，装饰装修工程施工组织设计即为阶段性施工组织设计。按照用途不同，可分为投标用施工组织设计和施工用施工组织设计。按照工程对象不同又可分为：施工组织总设计，单项（单位）工程施工组织设计和分部（分项）工程施工组织设计。下面就装饰装修阶段施工用的三种施工组织设计和投标用施工组织设计的特征阐述如下：

1. 施工组织总设计

施工组织总设计是以一个建设项目或建筑群为编制对象，用以指导其全过程各项施工活动的技术、经济、组织、协调和控制的综合性文件。它的编制范围广，内容概括性强，是对整个项目的施工进行战略部署。它是在项目初步设计或技术设计被批准并明确承包范围后，由施工总包单位的总工程师主持，会同业主、设计及施工分包单位的负责人共同编制。它是编制单项（单位）工程施工组织设计及年度施工计划的依据。

2. 单项（单位）工程施工组织设计

单项（单位）工程施工组织设计是以一个建筑物或其一个单位工程为对象进行编制，用以指导施工全过程各项施工活动的技术、经济、组织、协调和控制的综合性文件。它是施工组织总设计或年度施工计划的具体化，它的编制内容较详细，是对整个工程施工进行战术安排。它是在签订工程合同后，由项目经理部的工程师负责组织有关技术、管理人员进行编制。它是编制分部（分项）工程施工组织设计和季（月）施工计划的依据。

3. 分部（分项）工程施工组织设计

分部（分项）工程施工组织设计是以一个较大的、难的、新的、复杂的分部工程或分项工程为对象进行编制，用以指导其各项施工活动的技术、经济、组织、协调和控制的综合性文件。它是单项（单位）工程施工组织设计的具体化，其编制内容更具体、针对性强。它是在编制单项（单位）工程施工组织设计的同时或之后，由分部或分项工程的主管技术人员或其分包单位负责编制。

4. 投标施工组织设计

投标施工组织设计是编制标书的依据，其主要目的是中标并获得经济效益，这是与前述三种施工组织设计的主要区别。同时，它还是承包单位进行合同谈判、提出要约和进行承诺的根据和理由，是拟定合同文件中相应条款的基础资料。它是对工程施工进行规划性设计，是施工企业对拟装工程施工所作的战略部署和对工程质量、安全、工期等所作的承诺。它是在投标书编制前，由经营管理层人员进行编制。

四、施工组织设计的内容

由于施工组织设计的用途、类型不同，其内容也有所差异。

1. 指导工程施工用的施工组织设计的基本内容

（1）工程概况及特点分析

施工组织设计应首先对拟装工程的概况及特点进行调查分析并加以简述，以便明确工程任务的基本情况。其目的是使施工组织设计的编制者能"对症下药"，使审批者了解情况，使实施者心中有数。因此，这部分内容具有多方面的作用，不可忽视。

工程概况包括拟装工程的建筑、结构特点；工程规模及用途；装饰装修的内容与特点；工程施工条件；施工力量；施工期限，资源供应情况，业主的具体要求等。

（2）施工方案

施工方案是根据对工程概况的分析，将人力、材料、机具、资金和施工方法等可变因素与时间、空间进行的优化组合。包括全面布置施工任务，安排施工顺序和施工流向；确定施工方法和施工机具。其选择过程是通过逐步逐项地比较、分析、评价，最后确定出最佳方案。

（3）施工进度计划

施工进度计划是施工组织设计在时间上的体现。进度计划是组织与控制整个工程进展的依据，是施工组织设计中关键的内容。因此，施工进度计划的编制要采用先进的组织方法（如流水施工）和计划理论（如网络计划）以及计算方法（如各项时间参数、资源量、评价指标计算等），综合平衡进度设计，规定施工的步骤和时间，以期达到各项资源在时间上和空间上的合理使用，并满足既定的目标。

施工进度计划的编制，包括划分施工过程、计算工程量、计算劳动量、确定人员配备和工作延续时间，编排进度计划及检查调整等项工作。

（4）资源需要量计划

当进度计划确定后，可根据各施工过程的持续时间及所需资源量编制出劳动力、材料、加工品、机具等需要量计划，它是施工进度计划实现的保证，也是有关职能部门进行资源调配和供应的依据。

（5）施工平面图

施工现场平面布置图是施工组织设计在空间上的体现。它是本着合理利用现场空间的原则，以方便生产、有利生活、文明施工为目的，对投入的各项资源与工人生产、生活的活动场地进行合理安排。

（6）技术措施和主要技术经济指标

一项工程的完成，除了施工方案要选择得合理、进度计划要安排得科学之外，还必须采取各种有效的措施，以确保质量、安全和成本的降低。所以，在施工组织设计之中，应加强各种保证措施的制定，以便在贯彻施工组织设计时，目标明确，措施得当。

主要技术经济指标是对确定的施工方案、施工进度计划及施工平面图的技术经济效益进行全面的分析和评价，用以衡量组织施工的水平。一般用施工工期、全员劳动生产率、资源利用系数、质量、成本、安全、材料节约率等指标表示。

2. 投标用施工组织设计的内容

（1）工程概况及招标要求；

（2）施工部署（队伍状况、协作单位选择、施工顺序与流水组织）；

（3）施工方案及主要项目施工方法（方案选定过程与合理性、备用方案、施工机械选择，主要项目施工方法，关键部位的技术措施，季节性施工措施）；

（4）施工进度计划（工期对比分析、缩短措施、控制性施工进度表）；

（5）施工平面布置图（分阶段）；

（6）施工准备工作计划（障碍拆除、测量放线、临建搭设）；

（7）施工管理目标（工期目标，质量目标，安全、消防、节能、环保目标及措施）；

（8）其他（编制说明、需业主解决事项、对工程的建议；资质、荣誉证书……）。

施工组织设计的内容，不但要根据施工组织设计的类型，还要根据工程的具体情况，确定完整编写，还是简单编写。对于工程规模大、构造复杂、技术要求高、采用新构造做法、新技术、新材料和新工艺的拟装工程项目，必须编制内容详尽的完整施工组织设计。对工程规模小、构造简单、技术要求和工艺方法不复杂的拟装工程项目，则可以编制内容粗略的简单施工组织设计，一般仅包括施工方案、施工进度计划和施工总平面布置图等。

五、施工组织设计的编制方法与要求

（一）投标施工组织设计

投标施工组织设计不但作为定量评标中的一项主要内容，同时也是业主对组织施工全过程进行了解的技术文件。因此，投标施工组织设计的编制质量对企业能否中标具有重要意义。在编制投标施工组织设计时，首先要积极响应招标书的要求，其次要特别明确提出对工程质量和工期的承诺以及实现承诺的方法和措施。其中，施工方案要先进、合理、针对性、可行性强；进度计划和保证措施要合理可靠，质量措施和安全措施要严谨、有针对性；主要劳动力、材料、机具设备计划应合理；项目主要管理人员的资历和数量要满足施工需要，管理手段、经验和声誉状况等要适度表现。

（二）施工用施工组织设计

当拟装工程中标后，施工单位必须编制用于指导施工的施工组织设计，方法如下。

（1）对实行总包和分包的工程，由总包单位负责编制完整的施工组织设计或者分阶段的施工组织设计。分包单位在总包单位的总体部署下，负责编制分包工程的施工组织设计。

（2）负责编制施工组织设计的单位要确定主持人和编制人，并召开由业主、设计单位及施工分包单位参加的设计要求和施工条件交底会。根据合同工期要求、资源状况及有关的规定等问题进行广泛认真的讨论，拟定主要部署，形成初步方案，落实施工组织设计的编制计划。

（3）对构造复杂、施工难度大以及采用新工艺和新技术的工程项目，要进行专业性的研究，必要时组织专门会议，邀请有经验的专业工程技术人员参加，集中群众智慧，为施工组织设计的编制和实施打下坚实的群众基础。

（4）在施工组织设计编制过程中，要充分发挥各职能部门的作用，吸收他们参加编制和审定；要充分利用施工企业的技术素质和管理素质，统筹安排、扬长避短，发挥施工企业的优势，合理地进行工序交叉配合的程序设计。

（5）当比较完整的施工组织设计方案提出之后，要组织参加编制的人员及单位进行讨论，逐项逐条地研究、修改后确定，最终形成正式文件，送主管部门审批。

编制施工组织设计必须在充分研究工程的客观情况和施工特点的基础上，结合本企业的技术、管理水平和装备水平，从人力，财力、材料、机具和施工方法等五个环节入手，进行统筹规划、合理安排、科学组织，充分利用有限的作业时间和空间，力争以最少的投入取得产品质量好、成本低、工期短、效益好、业主满意的最佳效果。在编制时应做到以下几点。

（1）方案先进、可靠、合理、针对性强，符合有关规定。如施工方法是否先进，工期上、技术上是否可靠，施工顺序是否合理，是否考虑了必要的技术间歇，施工方法与措施是否切合本工程的实际情况和特点，是否符合技术规范要求等。

（2）内容繁简适度。施工组织设计的内容不可能面面俱到，要区分轻重缓急。对已经掌握，大家都很熟悉的施工工艺不必详细阐述，而对那些高、新、难的施工内容则应较详细地阐述施工方法并制定有效的技术措施，以做到详略并举，因需制宜。

（3）突出重点，抓住关键。对工程上的技术难点、协调上及管理上的薄弱环节、质量及进度控制上的关键部位等应重点编写，做到有的放矢，注重实效。

（4）留有余地，利于调整。要充分考虑到施工中的各种干扰因素，如图纸变更、资源

供应状况、各专业间的协调与配合、材料及施工质量问题、管理人员素质及操作工人的技术水平等都可能对施工组织设计的实施造成影响。因此，施工组织设计的编制应具有一定的预见性，适当留出更改和调整的余地，达到能够继续指导施工的目的。

六、施工组织设计的贯彻、检查和调整

1. 施工组织设计的贯彻

编制施工组织设计，是为了给装饰装修工程的实施过程提供一个指导性文件。但如何将纸面上的施工意图变为客观现实，如何验证施工组织设计的经济效果，都必须通过工程实践。为了更好地指导施工实践活动，必须重视施工组织设计的贯彻与执行。在贯彻中要做好以下几个方面的工作：

（1）传达和讨论

对经过批准的施工组织设计，在开工前，一定要召开各级的生产、技术会议，逐段进行交底，详细地讲解其意图、内容、要求、目标和施工的关键及保证措施，组织有关人员广泛讨论，拟定完成任务的技术组织措施，做出相应的决策。

（2）制定各项管理制度

施工组织设计能否贯彻执行，主要取决于装饰装修施工企业的素质和管理水平。而企业各项管理制度是否健全，则是体现企业管理水平的标志。实践证明，只有当施工企业有了科学的、健全的管理制度，才能保持正常的生产秩序、保证施工质量、提高劳动生产率，才能防止可能出现的漏洞或事故。因此，必须建立和健全各项管理规章制度，保证施工组织设计的顺利实施。

（3）实行技术经济承包责任制

技术经济承包责任制是用经济的手段和方法，明确承发包双方的责任。它便于加强监督和相互促进，是保证承包目标实现的重要手段。为了更好地贯彻施工组织设计，应该推行技术经济承包责任制度，开展劳动竞赛，把施工过程中的技术经济责任同职工的物质利益结合起来。如开展评比先进，推行全优工程综合奖、技术进步奖、节约材料奖和提前工期奖等。

（4）搞好统筹安排，组织均衡施工

在贯彻施工组织设计时，要搞好人力、物力、财力及时间、空间等方面的统筹兼顾，合理安排，优化施工组织与计划，保持合理的施工规模，及时分析和研究施工中出现的不平衡因素，进一步修订和完善施工组织设计，保证施工的节奏性、均衡性和连续性。

（5）切实做好施工准备工作

施工准备工作是保证均衡和连续施工的重要前提，也是顺利地贯彻施工组织设计的重要保证。不仅要在开工前做好一切人力、物力、财力和现场的准备，而且在施工过程中的不同阶段也要做好相应的施工准备工作，以保证施工组织设计的贯彻实施。

2. 施工组织设计的检查

施工组织设计的检查，应着重进行以下几个方面：

（1）任务落实及准备工作情况的检查

工程开工前应检查任务落实、交底情况，各项准备工作情况，技术措施落实情况，以保证不影响工程进度和质量。

（2）完成各项主要指标情况的检查

跟踪检查各施工班组完成各项主要技术经济指标的情况，并与计划指标相对照，及时发现问题和偏差，为分析原因和制定调整措施提供依据。

（3）施工现场布置合理性的检查

施工现场必须按施工平面图进行布置，合理地存放机具和材料，防火设施应醒目，道路要通畅，要符合文明施工的要求。

3．施工组织设计的调整

施工组织设计的调整就是针对执行及检查中发现的问题，通过分析其原因，拟定其改进措施或修订方案，对实际进度偏离计划进度的情况，在分析其影响工期和后续工作的基础上，调整原计划以保证工期；对施工平面图中的不合理处进行修改。通过调整，使施工组织更切合实际，更趋合理，以实现在新的施工条件下，达到施工组织设计的目标。

应当指出，施工组织设计的贯彻、检查和调整是贯穿施工全过程的经常性工作，又是全面完成施工任务的控制系统。施工组织设计的编制、贯彻、检查和调整应按有关的规定执行。

第四节　组织装饰装修工程施工的基本原则

施工组织设计是施工企业和施工项目经理部进行施工管理活动的重要技术经济文件，也是完成工程建设计划的重要手段。而组织工程项目施工则是落实施工组织设计、控制和协调工程的实施过程。组织装饰装修工程施工是一项庞大而复杂的系统工程，为了全面完成任务，在编制施工组织设计及组织施工的过程中，应遵守以下几项基本原则。

一、认真贯彻国家对工程建设的各项方针政策及法律法规，严格执行基本建设程序

工程建设必须遵循基本建设程序，施工阶段应该在设计阶段结束和施工准备完成之后方可正式开始进行。装饰装修工程也必须遵循这个程序，否则就会给施工带来混乱，造成时间上的浪费，资源上的损失，质量上的低劣等后果。另外，还必须认真贯彻执行国家对工程建设的各项方针政策及法规。

二、搞好项目排队，保证重点，统筹安排

装饰装修施工的最终目标就是尽快地完成施工任务，使工程项目能早日投产或交付使用。对施工单位来讲，先施工哪一部分，后施工哪一部分，应通过科学管理手段进行优化、决策。通常情况下，应根据业主的要求进行统筹安排、合理排队，以保证把有限的资源优先用于急需的和重点的工程项目或部位，同时照顾一般的工程项目或部位。

三、遵循施工的客观规律性，合理地安排施工展开程序和施工顺序

装饰装修施工有其自身特有的施工工艺及其技术规律，特有的施工展开程序和施工顺序方面的规律。遵循这些规律去组织施工，就能保证各项施工活动的紧密连接和相互促进，充分地利用资源，确保工程质量，加快施工进度，保证施工安全，有效地发挥生产能力。

四、积极采用先进的计划管理技术和手段，组织有节奏、均衡、连续的施工

网络计划技术是现代计划管理的最新方法。由于它具有思维层次清晰，表达各工作间的逻辑关系严密，关键工作和关键线路明确，有利于计划的优化、控制和调整，又便于计算机管理等特点，因此，它在各种计划管理中已得到广泛应用。

流水施工方法具有生产专业化强，生产效率高，工程质量好，资源利用均衡，工人能连续作业，工期短，成本低等特点。因此，采用流水施工，不仅能使整个工程有节奏、均衡、连续地进行施工，而且能产生可观的技术经济效果。

采用适当的项目计划管理软件，利用计算机进行计划编制及施工过程中的计划跟踪与动态管理，是保证施工进度计划编制合理、实施可靠、调整方便的重要手段，使计划对工程切实起到指导、控制、协调和保证工期的作用。

五、贯彻工厂制作与现场制作相结合的方针，提高工业化程度

在装饰装修工程中，适当采用加工品、半成品，是加快施工进度、保证工程质量的重要措施，也是提高建筑工业化程度的重要体现。幕墙及门窗的制作、石材的加工、家具制作、各种板材及线条材料的工厂化加工，已经成为装饰装修的主流。在确定和选择委托加工及现场施工方法时，必须根据工程的具体情况，考虑运输及安装条件、质量效果及工期要求，并进行技术经济比较，以取得最佳的技术经济效果。

六、充分利用机械设备，扩大机械化施工范围，提高施工机械化程度

高效率的装饰装修施工机具的使用，不但可以大大降低工人的劳动强度，而且对于提高工程质量，加快施工进度具有重要意义。在选择施工机械的过程中，要进行技术经济比较，使机械化和半机械化作业结合起来，注意选择多功能、多用途机械，尽量扩大机械化施工范围，不断提高机械的利用率。

七、尽量采用先进施工技术和科学的管理方法

近年来，装饰装修施工技术迅速发展，各类新型装饰材料和的新工艺不断涌现，湿作业逐步被干作业所代替。将先进的施工技术与科学的管理手段相结合，是施工企业提高劳动生产率、保证工程质量、缩短工期、降低工程成本的重要途径。因此，在编制施工组织设计及组织工程施工时，应广泛地采用国内外的先进施工技术和科学的管理方法。

八、注重工程质量，确保施工安全

装饰装修的工程质量是整个建筑工程质量的重要体现，而装饰装修施工质量又受到多种因素的影响。因此，在保证设计质量的同时，必须从材料及机具、施工顺序安排、施工工艺方法、成品保护、管理手段及技术措施等多方面入手，确保施工质量。在组织施工中，要认真执行有关安全操作规程，严格按照安全防护、防火、防毒、防触电等有关规定施工。应经常进行质量与安全教育，加强预防措施，定职定责，实施监督与控制。

九、尽量减少暂设工程，合理地储备物资，科学地布置施工现场

对暂设工程的用途、数量及建造方式等方面，要进行技术经济方面的可行性研究，在满足施工需要的前提下，使其数量最少和造价最低。适当利用原有设施或永久性设施，可有效降低工程成本、提高场地利用率。

装饰装修施工所需材料、构配件、加工品等具有种类多、数量大的特点。应有计划地分期分批进场，既可减少资金占压，又可减少场地、库房的压力，减少保管损失及二次搬运费用。但对于大面积使用的外墙涂料、面砖等易出现色泽和质地偏差的材料，应一次备足。

施工场地布置合理与否，对施工方便、道路通畅、减少运距、安全防火、文明施工、节约场地、降低费用等方面都具有重要意义。应按有关规定，科学合理地布置。

十、科学地安排季节性施工项目，保证工程质量和均衡生产

装饰装修工程会受到自然气候的影响，应科学合理地安排冬雨季施工项目，以保证质量、缩短工期、节约费用、安全施工和均衡生产。

上述原则，既是装饰装修产品生产的需要，又是加快施工进度、缩短工期、保证工程质量、降低工程成本、提高企业经济效益的需要，所以必须在组织项目实施过程中认真贯彻执行。

复 习 题

1—1　建筑装饰装修施工组织研究的任务是什么？

1—2　装饰装修产品及其生产具有哪些特点？

1—3　装饰装修工程的施工程序有哪几步？

1—4　为什么说施工准备工作贯穿了整个工程施工的全过程？

1—5　施工准备工作如何分类？其准备工作的内容主要有哪些？

1—6　技术准备的主要内容有哪些？

1—7　工程施工前，为什么要编制施工组织设计？

1—8　装饰装修施工组织设计如何分类，其主要内容有哪些？

1—9　组织项目施工的基本原则有哪些？

第二章 装饰装修工程的流水施工

各个生产领域的实践表明，在分工协作和大批量生产的情况下，流水作业法是组织生产的理想方法。同样，流水施工也是建筑装饰装修工程施工中最有效的科学组织方法，它能充分利用时间和空间、实现较为连续均衡地生产。但由于建筑产品及其生产的特点明显不同于一般工业，其流水的效果、要求及组织方法也就有较大差异。

在建筑装饰装修工程施工阶段，对于多高层建筑有大量的工作面可以利用，为流水施工创造了更为有利的条件；但由于该阶段施工内容繁杂、投入的专业工作队多、各施工过程间的干扰性大、产品质量和成品保护要求高，这就要求流水施工有较高的组织水平。本节主要讨论流水施工的基本概念、基本参数与基本组织方法，为在建筑装饰装修施工中灵活运用打下基础。

第一节 流水施工的基本概念

一、组织施工的三种方式

在建筑装饰装修工程施工中，可以采用依次施工、平行施工和流水施工等不同组织方式，但有着明显的效果差异。举例如下。

【例 2-1】 有四栋相同的单层房屋拟进行装饰装修施工，其每栋的施工过程、工程量、劳动量及人员和时间的安排见表 2-1。

表 2-1

施工过程	工程量	产量定额	劳动量	班组人数	延续时间	工 种
隔墙砌筑	50m³	1m³/工日	50 工日	7	1 周	瓦工
室外室内抹灰	1500m²	15m²/工日	100 工日	14	1 周	抹灰工
安塑钢门窗	300m²	6m²/工日	50 工日	7	1 周	木工
内外涂料	1200m²	20m²/工日	60 工日	9	1 周	油工

现采用依次施工、平行施工和流水施工三种方式分别组织施工，以比较其各自特点。各种组织方式的进度计划图表及相应的劳动力动态曲线见图 2-1、2-2、2-3。

1. 依次施工（顺序施工）

依次施工是将拟施项目分解为若干个施工过程，按照一定的施工顺序进行施工。前一个施工过程完成后，进行后一个施工过程；待前一个栋号完成后，进行后一个栋号施工，如图 2-1 所示。依次施工是一种最基本的、最原始的施工组织方式，具有以下特点。

（1）单位时间内投入的资源量较少，有利于资源供应的组织工作；

（2）施工现场的组织、管理比较简单；

（3）由于未能充分利用工作面去争取时间，导致工期过长；

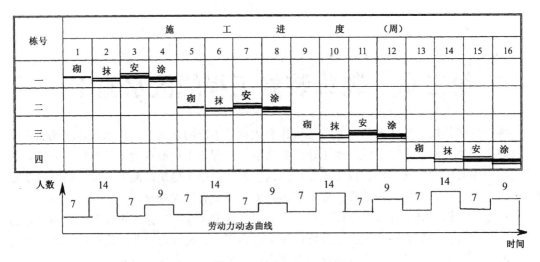

图 2-1 依次施工组织方式的进度及资源状况

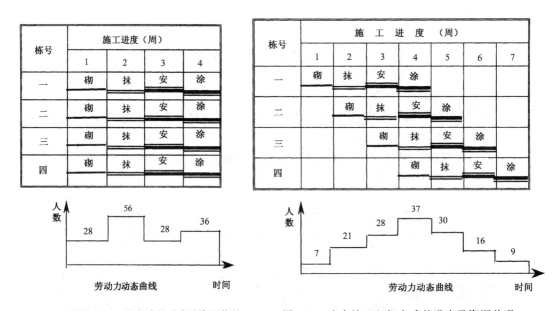

图 2-2 平行施工组织方式的进度及资源状况　　图 2-3 流水施工组织方式的进度及资源状况

（4）采用专业队组施工时，工作队和工人不能连续作业而造成窝工现象；

（5）若采用混合队组施工则不利于提高施工质量和劳动生产率。

因此，依次施工方式仅适用于施工场地小、资源供应不足、工期要求不紧的情况下，组织由所需各个工种构成的混合队组施工。

2. 平行施工

在工程任务十分紧迫、工作面允许且资源能够保证供应的情况下，可以组织多个相同专业的工作队，在不同的空间同时进行施工，这样的施工组织方式称为平行施工，如图 2-2 所示。其特点如下。

（1）充分利用了工作面，争取了时间，从而大大缩短了工期；

（2）专业队组施工时，劳动力的需求及变化量极大；

（3）若采用混合队组施工则不利于提高施工质量和劳动生产率。

（4）单位时间内投入的资源量成倍增长，不利于资源供应的组织工作，且造成临时设施大量增加，费用高，场地紧张；

（5）施工现场的组织、管理复杂。

这种组织方式只适用于工期极紧、资源供应充足、工作面及工作场地较为宽裕、不过多计较代价时的抢工工程。

3. 流水施工

流水施工方式是将拟装工程项目在竖向上划分为若干个施工层，在平面上划分为若干个施工段，在工艺上分解为若干个施工过程，并按照施工过程组建相应的专业工作队（或组）；然后组织每个专业工作队按照施工流向要求，依次在各层各段上完成自己的工作，并使相邻两个工作队在开工时间上最大限度地、合理地搭接起来，使得不同的施工队在同一时间内、在不同的工作面上进行平行作业。如图 2-所示。

从图中可以看出，在一个栋号中，前一个工种完成工作撤离工作面后，后一个工种队组立即进入，使工作面不出现或尽量少出现间歇，从而可有效地缩短工期；此外，就某一个专业队组而言，在一个栋号完成工作后立即转移到另一个栋号，保证了工作的连续性，避免了窝工现象，既有利于缩短工期（比依次施工），又使劳动力得到了合理充分地利用。图中，从第一周初开始，每周有一个栋号开工；从第四周末开始每周有一个栋号完工，实现了均衡生产。从劳动力动态曲线可以看出，工程初期劳动力（包括其他资源）逐渐增加，后期逐渐减少，如果栋号很多，则中期 37 人的状态将保持很长时间，即资源投入保持均衡。也就是说，在正常情况下，每周供应一个栋号或一个流水段的全部材料、机具、劳动力等。流水施工具有以下特点：

（1）科学地利用了工作面和人员，争取了时间，使得工期较短；

（2）工作队及工人能够实现专业化生产；

（3）各工作队实现了连续作业，避免了窝工现象；

（4）资源投入较均衡，有利于资源供应的组织工作；

（5）为现场文明施工和科学管理创造了有利条件。

由以上特点不难看出，组织流水施工具有极大的优越性，其实质就是充分利用了时间和空间，实现了连续、均衡地生产。

二、流水施工的技术经济效果

通过对上述三种施工组织方式的对比分析可以看出，流水施工在工艺划分、时间安排和空间布置上都体现出了科学性、先进性和合理性。因此它具有显著的技术经济效果，主要体现在以下几点。

（1）工作队及工人实现了专业化生产，有利于提高技术水平、有利于技术革新，从而有利于保证施工质量，减少返工浪费和维修费用；

（2）工人实现了连续性单一作业，便于改善劳动组织、操作技术和施工机具，增加熟练技巧，有利于提高劳动生产率（一般可提高 30%～50%），加快施工进度；

（3）由于资源消耗均衡，避免了高峰现象，有利于资源的供应与充分利用，减少现场暂设，从而可有效地降低工程成本（一般可降低 6%～12%）；

（4）施工具有节奏性、均衡性和连续性，减少了施工间歇，从而可缩短工期（比依次施工可缩短 30%～50%），尽早发挥工程项目的投资效益；

（5）施工机械、设备和劳动力得到合理、充分地利用，减少了浪费，有利于提高施工单位的经济效益。

三、组织流水施工的步骤

组织流水施工一般按以下步骤进行：

（1）将整个工程按施工阶段分解成若干个施工过程，并组织相应的施工专业队（组）。使每个施工过程分别由固定的专业工作队负责实施完成。

（2）把建筑物在平面或空间上尽可能地划分为若干个劳动量大致相等的流水段（或称施工段），以形成"批量"的假定产品，而每一个段就是一个假定产品。

（3）确定各专业施工队在各段上的工作持续时间。这个持续时间又称为"流水节拍"，用工程量、工作效率（或定额）、人数三个因素进行计算或估算。

（4）组织各工作队按一定的施工工艺，配备必要的机具，依次地、连续地由一个流水段转移到另一个流水段，反复地完成同类工作。

（5）组织不同的工作队在完成各自施工过程的时间上适当地搭接起来，使得各个工作队在不同的流水段上同时进行作业。

四、流水施工的分级

根据组织流水施工的范围，流水施工通常可分为以下四级：

1. 分项工程流水施工

分项工程流水施工也称为细部流水施工。是在一个专业工种内部、各道工序之间组织起来的流水施工。例如在壁纸裱糊施工时，刷胶与粘贴两工序之间进行的流水施工。一般是在施工班组内部进行安排和组织。

2. 分部工程流水施工

分部工程流水施工也称为专业流水施工，是在一个分部工程内部、各分项工程之间组织起来的流水施工。例如在装饰装修工程中，砌围护墙及隔墙、安钢窗、抹灰等分项工程之间进行流水施工。在项目施工进度计划表上，由一组标有施工段和工作队编号的水平或斜向进度指示线段来表示。

3. 单位工程流水施工

单位工程流水施工也称为综合流水施工，是在一个单位工程内部、各分部工程之间组织起来的流水施工。它是由若干组分部工程的进度指示线段来表示，并由此构成单位工程施工进度计划表。

4. 群体工程流水施工

群体工程流水施工也称为大流水施工，是在若干个单位工程之间组织起来的流水施工。它是由若干组单位工程的进度指示线段来表示，并由此构成项目施工总进度计划。

五、流水施工的表达方式

流水施工常用线条图和网络图两种方式来表达。网络图可分为单代号网络图和双代号网络图两种表达形式（详见第三节）。线条图又可分为横道图和斜线图两类形式，举例如下。

【例 2－2】 某项目有甲、乙、丙、丁四栋别墅的抹灰工程，其流水施工的线条图有如下两类三种表达形式（见图 2-4～2-6）。

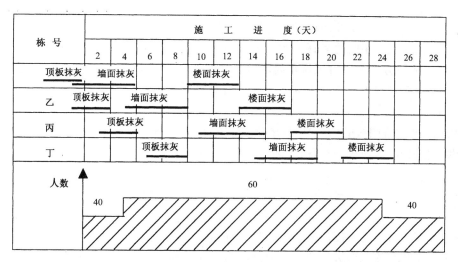

图 2-4 横道图之一（进度线上标注工作内容）

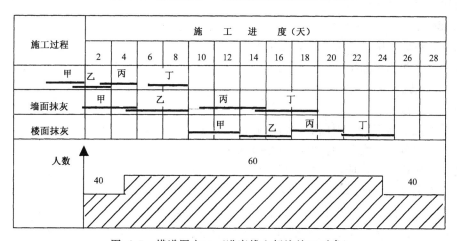

图 2-5 横道图之二（进度线上标注施工对象）

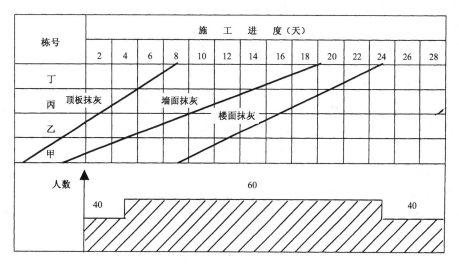

图 2-6 斜线图

1. 横道图

横道图的左半部分是按照施工的先后顺序排列的施工对象（或工作内容）名称；右半部分是施工进度表，用时间坐标下的水平线段表示工作进度，进度线上标注工作内容（或施工对象）。表下方常画出每天所需要的劳动力（或其他物资资源）动态曲线，它是由施工进度表中各项工作的每天劳动力需要量按时间叠加而得到的。

2. 斜线图

斜线图一般是在图的左半部分列出施工对象的名称，右半部分的工作进度线是以斜向线段或斜向折线形式来表示。斜线图一般只用于表达各项工作连续作业状况的施工进度计划。

第二节 流水施工参数的确定

在组织流水施工时，用以表达流水施工在施工工艺、空间布置和时间排列方面开展状态的参量，统称为流水参数。只有认真地、有预见地通过研究或计算确定好这些参数，才可能成功地组织流水施工。

一、工艺参数

用以表达流水施工在施工工艺上的开展顺序及其特性的参量，均称为工艺参数。它包括施工过程数和流水强度。

1. 施工过程数

（1）施工过程

在组织流水施工时，用以表达流水施工在工艺上开展层次的有关过程，统称为施工过程。它包含的范围可大可小，既可以是分项工程，又可以是分部工程，也可以是单位工程等。按施工过程在工程项目中的地位、作用、工艺性质和复杂程度不同，可分为：

1）主导施工过程和穿插施工过程 主导施工过程，是指对整个工程项目起决定作用的施工过程。在编制施工进度计划时，必须重点考虑。如装饰装修中的抹灰工程、大面积的吊顶工程等。而穿插施工过程则是与主导施工过程相搭接或平行穿插，并严格受主导施工过程控制的施工过程。如安装门窗框、搭拆脚手架等。

2）连续施工过程和间断施工过程 连续施工过程是指一道工序接一道工序连续施工，不要求技术间歇的施工过程。如干挂石材、铺装木地板等。而间断施工过程则是指由材料性质决定，需要技术间歇的施工过程。如用传统方法安装墙面石材时，需待灌浆达到一定强度后方可安装上一排石材；抹灰的面层与中间找平层需间隔一定时间；油漆需要干燥等。

3）复杂施工过程和简单施工过程 复杂施工过程是指在工艺上，由紧密相连的几个工序组合而成的施工过程。如安装轻钢龙骨纸面石膏板隔墙、现制磨石地面等。而简单施工过程则是指在工艺上由一个工序构成的施工过程，它的操作者、材料、机具都不变。如安门扇、楼地面抹灰、刷油漆等。

（2）施工过程数的确定

组入流水施工的施工过程个数以 n 表示，它是流水施工的基本参数之一。施工过程数的多少，应依据进度计划的类型、工程性质与复杂程度、施工方案、施工队（组）的组织形式等确定。在划分施工过程时，其数量不宜过多，应以主导施工过程为主，力求简洁。对于占用时间很少的施工过程可以忽略；对于工作量较小且由一个专业队组同时或连续施工的几个施工过程可合并为一项，以便于组织流水。

施工过程数与施工队组数有时相等，有时则不等。当组入流水的施工过程各由一个专业队（组）施工，则施工过程数和专业队（组）数相等；当几个专业队（组）负责完成一个施工过程或由一个专业队（组）完成几个施工过程时，其施工过程数与专业队（组）数则不相等。

2. 流水强度

某施工过程在单位时间内所需完成的工程量，称为该施工过程的流水强度。计算公式如下：

$$V_i = R_i \times S_i \qquad (2-1)$$

式中　V_i——某施工过程（i）的流水强度；

　　　R_i——投入某施工过程的工人数或机械台数；

　　　S_i——某施工过程的计划产量定额。

二、空间参数

在组织流水施工时，用以表达流水施工在空间布置上所处状态的参量，均称为空间参数。它包括工作面、施工层和施工段等。

1. 工作面

在组织流水施工时，某专业工种施工时所必须具备的活动空间，称为该工种的工作面。它的大小，应根据该工种工程的计划产量定额、操作规程和安全施工技术规程的要求来确定。工作面确定的合理与否，将直接影响工人的劳动生产效率和施工安全，应认真对待，合理确定。常见工种工程的工作面可参考表 2-2 确定。

常见工种工程所需工作面参考数据表　　表 2-2

工 作 项 目	每 个 技 工 的 工 作 面	
砌 240 砖墙	8.5	m/人
砌 120 砖墙	11	m/人
砌框架间 240 空心砖墙	8	m/人
外墙抹水泥砂浆	16	m²/人
外墙水刷石面层	12	m²/人
外墙干粘石面层	14	m²/人
内墙抹灰	18.5	m²/人
抹水泥砂浆楼地面	40	m²/人
钢、木门窗安装	11	m²/人
铝合金、塑料门窗安装	7.5	m²/人
安装轻钢龙骨吊顶	20	m²/人
安装轻钢龙骨石膏板隔墙	25	m²/人
贴内外墙面砖	7	m²/人
挂墙面花岗岩板	6	m²/人
铺楼地面石材	16	m²/人
安装门窗玻璃	15	m²/人
墙面刮腻子、涂刷乳胶漆	40	m²/人

2. 施工层

在组织流水施工时，为了满足专业工种对施工工艺和操作高度的要求，将施工对象在竖向上划分为若干个操作层，这些操作层就称为施工层。施工层的划分，要按施工工艺的具体要求及建筑物、楼层和脚手架的高度情况来确定。如门窗安装、室内抹灰、木装饰、涂料、玻璃和水电安装等，可将每一楼层作为一个施工层；对外墙抹灰、外墙面砖等可将每步架或每个水平分格作为一个施工层。

3. 施工段

在组织流水施工时，通常把施工对象在平面上划分成劳动量大致相等的若干个段，这些段就叫施工段或流水段。施工段的个数用 m 表示，它是流水施工的基本参数之一。施工段可以是固定的，也可以对不同的阶段或不同的施工过程采用不同的分段位置和段数。但由于固定的施工段便于组织流水施工而应用较广。

（1）划分施工段的目的

划分施工段是流水施工的基础。一般情况下，一个施工段内只安排一个施工过程的专业工作队进行施工。只有前一个施工过程的工作队完成了在该段的工作，后一个施工过程的工作队才能进入该段进行作业。由此可见，分段的目的就是要保证各个专业工作队有自己的工作空间，避免工作中的相互干扰，使得各个专业工作队能够同时、在不同的空间上进行平行作业，进而达到缩短工期的目的。

（2）划分施工段的原则

施工段的数目要适当，太多则使每段的工作面过小、影响工作效率或不能充分利用人员和设备而影响工期；太少则难以流水，造成窝工。因此，为了使分段科学合理，应遵循以下原则。

1）同一专业工作队在各个施工段上的劳动量应大致相等，相差不宜超过 15%，以便于组织等节奏流水。

2）施工段的大小应使主要施工过程的工作队有足够的工作面，以保证施工效率和安全。

3）分段的位置应有利于结构的整体性和建筑装饰装修的外观效果。分段时，应尽量利用沉降缝、伸缩缝、防震缝作为分段界线；或者以独立的房间、装饰的分格、墙体的阴角等作为分段界线，以减少留槎，便于连接和修复。

4）层段总数应不少于施工队组数。对于多层或高层建筑的装饰装修工程项目，既要划分施工层，又应在每一层划分施工段。而层段数的多少应与同时进行的主要施工过程的个数相协调，即总的施工层段数应多于或等于同时施工的施工过程数或专业队组数；当以主导施工过程为主形成工艺组合时，施工层段数应等于或多于工艺组合的个数。使施工能够连续、均衡、有节奏地进行，并达到缩短工期的目的。

（3）每层施工段数与施工过程数的关系

在多高层建筑中，装饰装修施工阶段有较多的施工空间，易于满足多个专业队组同时施工的工作面要求。有时甚至在平面上不分段，即将一个楼层作为一个施工段。但如果上下层的施工过程之间相互干扰时，则应使每层的施工段数多于或等于参与流水的施工过程数及施工队组数，即 $m \geq n$。举例如下。

【例 2—3】 一栋二层建筑的抹灰及楼地面工程，划分为顶板及墙面抹灰、楼地面石材铺设两个施工过程，拟组织一个抹灰队和一个石工队进行流水施工。在工作面足够，人员和机具数不变的条件下，分段流水的方案见图 2-7。

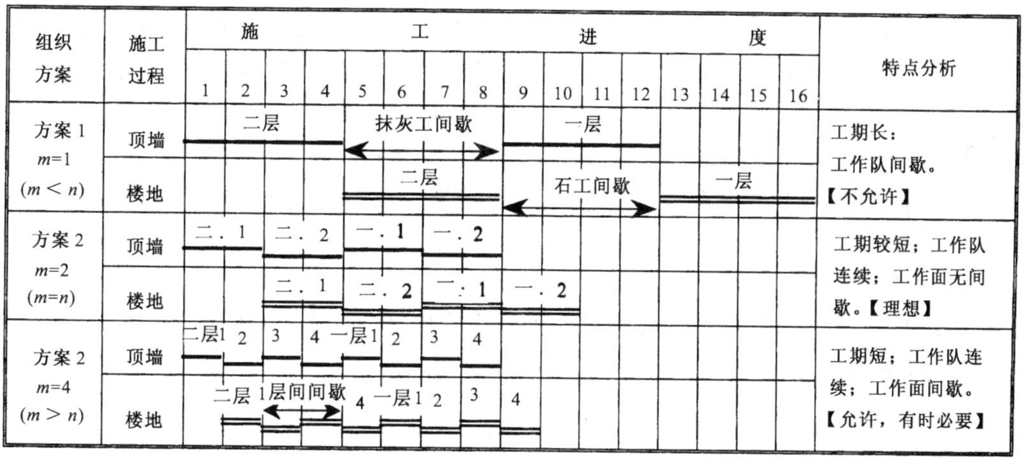

组织方案	施工过程	施 工								进			度				特点分析
		1	2	3	4	5	6	7	8	9	10	11	12	13	14	15	16	
方案1 $m=1$ $(m<n)$	顶墙	二层 抹灰工间歇 一层																工期长；工作队间歇。【不允许】
	楼地	二层 石工间歇 一层																
方案2 $m=2$ $(m=n)$	顶墙	二.1 二.2 一.1 一.2																工期较短；工作队连续；工作面无间歇。【理想】
	楼地	二.1 二.2 一.1 一.2																
方案2 $m=4$ $(m>n)$	顶墙	二层1 2 3 4 一层1 2 3 4																工期短；工作队连续；工作面间歇。【允许，有时必要】
	楼地	二层 1层间间歇 4 一层1 2 3 4																

图 2-7 不同分段方案的流水施工状况与特点

方案 1 由于不分段（即每个楼层为一段），在抹灰队完成二层顶板和墙面抹灰后，石工队进行该层楼面铺设，考虑到二层楼面施工的渗漏水会造成一层顶板过湿甚至滴水，使得一层顶墙不能进行抹灰施工，抹灰工只能停歇等待；当一层顶墙抹灰时，由于石工没有工作面而被迫停歇。两个队交替间歇，不但工期延长，而且出现大量的窝工现象。这在工程上一般是不允许的。

方案 2 是将每层分为两个流水段，使得流水段数与施工过程数（或施工队组数）相等。在二层一段顶墙抹灰后，进行该段楼地面的铺设，随后进行一层一段顶墙抹灰，再进行该段地面的铺设。在工艺技术允许的情况下，既保证了每个专业工作队连续工作，又使得工作面不出现间歇，也大大缩短了工期。可见这是一个较为理想的方案。

方案 3 是将每个楼层分为四个施工段。既满足了工艺、技术的要求，又保证了每个专业工作队连续作业。但在二层的每段楼面铺设后，都因为人员问题未能及时进行下层相应施工段的顶墙抹灰，既每段都出现了层间工作面间歇。这种工作面的间歇一般不会造成费用增加，而且在某些施工过程中可起到满足工艺要求、保证施工质量、利于成品保护的作用。因此，这种间歇不但是允许的，而且有时是必要的。

在本例中，方案 3（$m>n$）更有利于顶板抹灰的质量和施工的顺利进行。但应注意：m 值也不能过大，否则会造成材料、人员、机具过于集中，影响效率和效益，且易发生事故。

三、时间参数

在组织流水施工时，用以表达流水施工在时间排列上所处状态的参数，称为时间参数。它包括流水节拍、流水步距、流水工期、搭接时间、技术间歇时间和组织管理间歇时间等。

1. 流水节拍

在组织流水施工时，一个专业工作队在一个施工段上施工作业的持续时间，称为流水节拍。通常以 t 表示，它是流水施工的基本参数之一。

流水节拍的大小，关系着施工人数、机械、材料等资源的投入强度，也决定了工程流水施工的速度、节奏感的强弱和工期的长短。节拍大时工期长，速度慢，资源供应强度小；节拍小则反之。同时流水节拍值的特征将决定流水组织方式。当节拍值相等或有倍数关系时，可以组织有节奏的流水；当节拍值不等也无倍数关系时，只能组织非节奏流水。

影响流水节拍数值大小的因素主要有：项目施工时所采取的施工方案，各施工段投入的劳动力人数或施工机械台数，工作班次，以及该施工段工程量的多少。其数值的确定，可按以下几种方法进行：

（1）定额计算法

这是根据各施工段的工程量、能够投入的资源量（工人数、机械台数和材料量等）进行计算。计算公式如下：

$$t_i = \frac{P_i}{R_i \cdot N_i} \tag{2-2}$$

式中　t_i——某专业工作队在第 i 施工段的流水节拍；

　　　R_i——某专业工作队投入的工作人数或机械台数；

　　　N_i——某专业工作队的工作班次；

　　　P_i——某专业工作队在第 i 施工段的劳动量（单位：工日）或机械台班量（单位：台班），可用下式计算：$P_i = \frac{Q_i}{S_i}$ 或 $P_i = Q_i \cdot H_i$；

　　　Q_i——某专业工作队在第 i 施工段要完成的工程量；

　　　S_i——某专业工作队的计划产量定额；

　　　H_i——某专业工作队的计划时间定额。

（2）工期计算法

对某些要求必须在规定日期内完成的工程项目，往往采用倒排进度法。其流水节拍的确定步骤如下。

1）根据工期要求倒排进度，确定各施工过程的工作延续时间；

2）据某施工过程的工作延续时间及施工段数确定出流水节拍。当该施工过程在各段上的工程量大致相等时，其流水节拍可按下式计算：

$$t = \frac{T}{m} \tag{2-3}$$

式中　t——流水节拍；

　　　T——某施工过程的工作延续时间；

　　　m——某施工过程划分的施工段数。

（3）经验估算法

它是根据以往的施工经验、结合现有的施工条件进行估算。为了提高其准确程度，往往先估算出该施工过程流水节拍的最长、最短和最可能三种时间，然后采用加权平均的方法，求出较为可行的流水节拍值。这种方法也称为三时估算法，计算公式如下：

$$t = \frac{a + 4c + b}{6} \tag{2-4}$$

式中　t——某施工过程在某施工段上的流水节拍；

a——某施工过程在某施工段上的最短估算时间；

b——某施工过程在某施工段上的最长估算时间；

c——某施工过程在某施工段上的最可能时间。

无论采用上述哪种方法，在确定流水节拍时均应注意以下问题：

（1）流水节拍的取值，必须考虑到专业队组织方面的限制和要求，尽可能不过多地改变原来的劳动组织状况，以便于对施工队进行领导。专业队的人数应符合劳动组合的要求，以便他们具备集体协作的能力。

（2）流水节拍的确定，应考虑到工作面条件的限制，必须保证有关专业队有足够的施工操作空间，保证施工操作安全和能充分发挥专业队的劳动效率。

（3）流水节拍的确定，应考虑到机械设备的实际工作效率和可能提供的机械设备数量，也要考虑机械设备操作场所的安全和施工质量的要求。

（4）受技术操作或安全质量等方面限制的工程（如涂刮腻子、刷油漆等往往有几层做法，各层间有干燥间歇要求；墙面粘贴石材或用传统方法安装石材等，受到每日施工高度的限制），在确定其流水节拍时，应当满足其作业时间长度、间歇性或连续性等限制的要求。

（5）必须考虑材料和构配件供应能力和储存条件对施工进度的影响和限制，合理确定有关施工过程的流水节拍。

（6）应首先确定主导施工过程的流水节拍，并以它为依据确定其他施工过程的流水节拍。主导施工过程的流水节拍应是各施工过程流水节拍的最大值，应尽可能是有节奏的，以便组织节奏流水。

（7）计算流水节拍时，其计划定额最好按本项目经理部的实际水平并结合本工程的具体情况采用，以提高计划的可靠性。

（8）为了便于组织施工、避免工作队转移时浪费工时，流水节拍值最好是半天的整数倍。

2. 流水步距

在组织流水施工时，相邻两个专业工作队在符合施工顺序、满足连续施工，不发生工作面冲突的条件下，相继投入工作的最小时间间隔，称为流水步距。以符号 $K_{j,j+1}$，表示。

在图 2—7 中，将方案 2 与方案 3 比较可以看出，流水步距的大小直接影响着工期，步距越大则工期越长，反之则工期越短。而步距的长短也受着流水节拍的影响，节拍大则步距大，节拍缩短步距也可缩短。

流水步距的长度，要根据需要及流水方式的类型经过计算确定，计算时应考虑的因素有以下几点：

（1）考虑每个专业队连续施工的需要。流水步距的最小长度，应使专业队进场以后，不发生停工、窝工的现象。

（2）考虑技术间歇的需要。有些施工过程完成后，后续施工过程不能立即投入作业，必须有足够的时间间歇，这个间歇时间应尽量安排在专业队进场之前，不然便不能保证专业队工作的连续。

（3）处理好与流水节拍的关系。流水步距的长度应保证每个施工段的施工作业程序不乱，不发生前一施工过程尚未撤离某一施工段，而后一施工过程便进入该段施工的现象，即步距值大于或等于流水节拍值，有时为了缩短时间，某些次要的专业队可以提前插入，但必须在技术上可行，而且不影响前一个专业队的正常工作。提前插入的现象越少越好，多了会打乱节奏，影响均衡施工。

3. 工期

工期是指从第一个专业队投入流水作业开始，到最后一个专业队退出流水作业为止的整个持续时间。由于一项工程往往由许多流水组组成，所以这里说的是流水组的工期，而不是整个工程的总工期，可用符号"T_P"表示。

在安排流水施工之前，应有一个基本的工期目标，以便在总体上约束具体的流水作业组织。在进行流水作业安排时，可以通过计算来确定工期，并与目标工期比较，二者应相等或使计算工期小于目标工期。计算工期可以指导绘制流水图表，如果已绘制了流水图表，可以通过计算工期检验图表绘制的正确性。

4. 平行搭接时间

在组织流水施工时，有时为了缩短工期，在工作面允许的条件下，如果前一个专业工作队完成部分施工任务后，能够提前为后一个专业工作队提供工作面，使后者提前进入该施工段，两者在同一施工段上同时施工且相互不干扰，这个"在同一施工段上同时施工"的时间称为平行搭接时间，通常以$C_{j,j+1}$表示。

5. 间歇时间

组织流水施工时，除要考虑相邻专业工作队之间的流水步距外，有时还需根据技术要求或组织安排，留出必要的等待时间，这个"等待时间"即称为间歇。间歇按其性质不同可分为技术间歇和组织间歇，按其位置不同又可分为施工过程间歇和层间间歇。

（1）技术间歇

在流水施工中，由于材料性质或施工工艺的要求，需要考虑的合理工艺等待时间称为技术间歇，如楼地面湿作业后的养护时间、砂浆抹面和油漆面的干燥时间等。技术间歇时间以$S_{j,j+1}$表示。

（2）组织间歇

在流水施工中，由于施工技术或施工组织的原因，造成的在流水步距以外增加的间歇时间，称为组织间歇时间。如墙体砌筑前的墙身位置弹线，施工人员及机械的转移，安装吊顶板前的管线检查验收等等。组织间歇时间以$G_{j,j+1}$表示。

（3）施工过程间歇

在同一个施工层内，相邻两个施工过程之间的技术间歇或组织间歇统称为施工过程间歇，施工过程间歇时间用Z_1表示。

（4）层间间歇

在相邻两个施工层之间，前一施工层的最后一个施工过程与后一个施工层相应施工段上的第一个施工过程之间的技术间歇或组织间歇称为层间间歇，层间间歇时间用Z_2表示。

项目经理部对技术间歇和组织间歇时间，可根据项目施工中的具体情况分别考虑或统一考虑；但二者的概念、作用和内容是不同的。重要的是，在组织流水施工时必须分清该技术间歇或组织间歇是属于施工过程间歇还是属于层间间歇。在划分流水段时，施工过程间歇和层间间歇均需考虑；而在计算工期时，可只考虑施工过程间歇。

第三节 流水施工的组织方法

根据各施工过程的时间参数特点，流水施工可以分为全等拍流水、成倍节拍流水和分别流水等几种方式。下面分别阐述它们的组织方法。

一、全等节拍流水

全等节拍流水也称固定节拍流水。它是在各个施工过程的流水节拍全部相等（为一个固定值）的条件下，组织流水施工的一种方式。这种组织方式使施工活动具有较强的节奏感。

1. 形式与特点

【例2－4】 某工程有三个施工过程，分为四段施工，节拍均为1天。要求乙施工后，各段均需间隔1天方允许丙施工。其施工进度表的形式见图2-8。

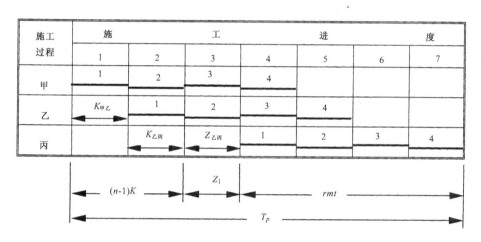

图 2-8 全等节拍流水形式

由本例可以看出，全等节拍流水具有以下特点：

（1）流水节拍全部彼此相等，为一常数。

（2）流水步距彼此相等，而且等于流水节拍，即：

$$K_{1,2}=K_{2,3}=\cdots\cdots=K_{n-1,n}=K=t（常数）$$

（3）专业工作队总数（Σb）等于施工过程数（n）。

（4）每个专业工作队都能够连续施工。

（5）若没有间歇要求，可保证各工作面均不停歇。

2. 组织步骤与方法

（1）划分施工过程，组织施工队组

划分施工过程时，应以主导施工过程为主，力求简洁。对每个施工过程均应组织相应队组。

（2）划分施工段

分段应根据工程具体情况遵循分段原则进行。对于只有一个施工层或上下层的施工过程之间不存在相互干扰或依赖，即没有层间关系时，应按总的层段数等于或多于同时施工的专业队组数来确定每层的段数。如果上下层的施工过程之间存在相互干扰或依赖关系，即有层间关系时，则每层的施工段数应分下面两种情况确定。

1) 当无技术与组织间歇要求时，可取 $m=n$，以保证各队组均有自己的工作面而能连续施工；

2) 当有技术与组织间歇要求时，既要保证各专业工作队都有工作面而能连续施工，又要留出间歇的工作面，故应取 $m>n$。此时每层有 $m-n$ 个施工段空闲，由于流水节拍为 t，则每层的空闲时间为 $(m-n)t=(m-n)K$。令一个楼层（或施工层）内各施工过程的技术、组织间歇时间之和为 ΣZ_1，楼层（或施工层）之间的技术、组织间歇时间为 Z_2；当每层的 ΣZ_1 均相等，Z_2 也相等时，为了保证连续施工，且施工段上除 ΣZ_1 和 ΣZ_2 外无空闲，则：$(m-n)K=\Sigma Z_1+Z_2$。

3) 当专业工作队之间允许搭接时，可以减少工作面数量。如每层内各施工过程之间的搭接时间总和为 ΣC，则：$(m-n)K=-\Sigma C$。

所以，每层的施工段数 m 的最小值可按下式确定：

$$m=n+\frac{\Sigma Z_1}{K}+\frac{Z_2}{K}-\frac{\Sigma C}{K} \tag{2-5}$$

为了保证间歇时间满足要求，当计算结果有小数时，应只入不舍取整数；当每层的 ΣZ_1、Z_2 或 ΣC 不完全相等时，应取各层中最大的 ΣZ_1、Z_2 和最小的 ΣC 进行计算。

（3）确定流水节拍

流水节拍可按前述方法与要求确定。但为了保证各施工过程的流水节拍全部相等，必须先确定出一个最主要施工过程（工程量大、劳动量大或资源供应紧张）的流水节拍 t_i，然后令其他施工过程的流水节拍与其相等并配备合理的资源，以符合固定节拍流水的条件。

（4）确定流水步距

全等节拍流水常采用等步距施工，即取 $K=t$。

（5）计算工期

由图 2-8 可以看出，全等节拍流水施工的计划工期为：

$T_P=(n-1)K+rmt+\Sigma Z_1-\Sigma C$，而 $K=1$，所以：

$$T_P=(rm+n-1)K+\Sigma Z_1-\Sigma C \tag{2-6}$$

式中　ΣZ_1——各相邻施工过程间的间歇时间之和；

　　　　ΣC——各相邻施工过程间的搭接时间之和；

　　　　r——施工层数。

（6）画进度计划表

3. 应用举例

【例 2-5】　某装饰工程为两层，采取由上至下的流向施工，整个工程的数据见表 2-3。若限定流水节拍不得少于两天，油工最多只有 11 人，抹灰后需间歇 3 天方准许安门窗。试组织全等节拍流水。

表 2-3

施工过程	工程量	产量定额	劳动量
砌筑隔墙	200m³	1m³/工日	200 工日
室内抹灰	7500m²	15m²/工日	500 工日
安塑钢门窗	1500m²	6m²/工日	250 工日
顶、墙涂料	6000m²	20m²/工日	300 工日

【解】

（1）确定每层段数 m：

该工程虽非单层，但施工过程并无层间依赖或干扰关系，每层施工段数可大于、小于或等于施工过程数。考虑工期要求、工作面情况及资源供应状况等因素，每层分为 5 个流水段，即 $m=5$。则每段劳动量见表 2-4。

（2）确定流水节拍：

由于油工有限，故"顶、墙涂料"为主要施工过程。其流水节拍为：

$t=30/11=2.73$，取 $t=3$ 天 >2 天，满足要求。

实际需要油工：$R=30/3=10$（人），其他工种配备人数见表 2-4。

表 2-4

施工过程	总劳动量	每段劳动量	节拍	人数
砌筑隔墙	200 工日	20 工日	3	7
室内抹灰	500 工日	50 工日	3	16
安塑钢门窗	250 工日	25 工日	3	8
顶、墙涂料	300 工日	30 工日	3	10

（3）确定流水步距：取 $K=t=3$

（4）计算工期 T_P：

$$T_P = (rm+n-1)K+\Sigma Z_1-\Sigma C$$
$$= (2\times5+4-1)\times3+3-0=42（天）$$

（5）画施工进度表：见图 2-9。

施工过程	施 工 进 度（天）													
	3	6	9	12	15	18	21	24	27	30	33	36	39	42
砌筑隔墙	2.①	2.②	2.③	2.④	2.⑤	1.①	1.②	1.③	1.④	1.⑤				
室内抹灰		2.①	2.②	2.③	2.④	2.⑤	1.①	1.②	1.③	1.④	1.⑤			
安塑钢门窗			2.①	2.②	2.③	2.④	2.⑤	1.①	1.②	1.③	1.④	1.⑤		
顶、墙涂料				2.①	2.②	2.③	2.④	2.⑤	1.①	1.②	1.③	1.④	1.⑤	

图 2-9 全等节拍流水施工进度表

二、成倍节拍流水

在进行全等节拍流水设计时，可能遇到下列问题：非主要施工过程所需要的人数或机械设备台数超出工作面允许容纳量；人数不符合最小劳动组合要求；施工过程的工艺对流水节拍有限制等。这时，只能按其要求和限制来调整这些施工过程的流水节拍。这就可能出现同一个施工过程的节拍全都相等，而各施工过程之间的节拍虽然不等，但为某一常数的倍数。从而构成了组织成倍节拍流水的条件。

1. 形式与特点

【例 2-6】 一栋二层建筑的抹灰及楼地面工程，划分为顶板及墙面抹灰、楼地面石材铺设两个施工过程，拟组织一个抹灰队和一个石工队进行流水施工。考虑抹灰有三层做法，流水节拍定为 6 天；铺设石材的流水节拍为 3 天。在工作面足够，总的人员数不变的条件下，分段流水的组织方案及效果见图 2-10。

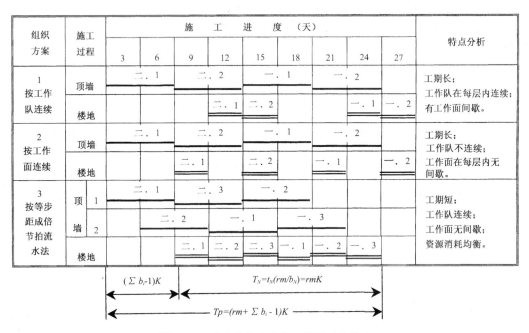

图 2-10 成倍节拍流水施工的形式与特点

三种组织方案的劳动力数量表 表 2-5

方案	施工过程	劳动量（工日）	施工队组	作业时间（天）	人数	人数合计
1	顶、墙抹灰	720	抹灰工	24	30	60
1	楼、地石材	360	石工	12	30	60
2	顶、墙抹灰	720	抹灰工	24	30	60
2	楼、地石材	360	石工	12	30	60
3	顶、墙抹灰	720	抹灰1队	18	20	60
3			抹灰2队	18	20	60
3	楼、地石材	360	石工	18	20	60

由图 2-10 和表 2-5 可以看出，当施工过程间的节拍不等、但具有一定倍数关系时，如果按照工作队或工作面连续去组织流水施工，不但工期较长，而且有工作面或工作队间歇，均不够理想。如果采用等步距成倍节拍流水的组织方案，通过调整施工组织结构（将抹灰工由一个施工队增加为两个），在工作面足够、作业总人数不变或基本不变的情况下，可取得工期最短、步距相等、工作队和工作面都能连续的类似于全等节拍流水的较好效果。这里，我们主要讨论这种等步距的成倍节拍流水。

2. 组织步骤与方法

（1）使流水节拍满足上述条件。

（2）计算流水步距 K。

取 K 等于各施工过程流水节拍的最大公约数。

（3）计算各施工过程需配备的队组数 b_i。

用流水步距 K 去除各施工过程的节拍 t_i，即

$$b_i = t_i/K \tag{2-7}$$

式中　b_i——施工过程 i 所需的工作队组数；

　　　t_i——施工过程 i 的流水节拍。

（4）确定每层施工段数 m。

1）没有层间关系时，应根据工程具体情况遵循分段原则进行分段，并使总的层段数等于或多于同时施工的专业队组数。

2）有层间关系时，每层的最少施工段数应据下面两种情况分别确定：

a. 无技术与组织间歇要求或搭接要求时，可取 $m = \Sigma b_i$，以保证各队组均有自己的工作面；

b. 有技术与组织间歇要求或搭接要求时，

$$m = \sum b_i + \frac{\Sigma Z_1}{K} + \frac{Z_2}{K} - \frac{\Sigma C}{K} \tag{2-8}$$

式中　Σb_i——施工队组数总和；

　　　Z_1——相邻两施工过程间的间歇时间（包括技术性的、组织性的）；

　　　Z_2——层间的间歇时间（包括技术性的、组织性的）；

　　　C——相邻两施工过程间的搭接时间。

当计算出的流水段数有小数时，应只入不舍取整数，以保证足够的间歇时间；当各施工层间的 ΣZ_1 或 Z_2 不完全相等时，应取各层中的最大值进行计算。

（5）计算计划工期 T_p：

由图 4-2-10 可得出：

$$T_p = (rm + \Sigma b_i - 1) K + \Sigma Z_i - \Sigma C \tag{2-9}$$

式中符号同前。

（6）绘制施工进度表：（见图 2-10 方案 3）

3. 应用举例

【例 2-7】　某工程有两个施工层，有甲、乙、丙三个施工过程，节拍为：甲——3 天，乙——3 天，丙——6 天。要求层间技术间歇（丙第二层与甲第一层之间）不少于 3 天；且乙施工后需经 2 天检查验收，丙方可施工。施工流向为自上至下，试组织成倍节拍流水。

【解】

（1）确定流水步距 k。

各流水节拍的最大公约数为 3，则 $K=3$。

（2）计算施工队组数 b_i。

$$b_甲=t_甲/K=3/3=1 \text{（个）；}$$
$$b_乙=t_乙/K=3/3=1 \text{（个）；}$$
$$b_丙=t_丙/K=6/3=2 \text{（个）。}$$

（3）确定每层流水段数 m。

层间间歇 3 天，施工过程间歇 2 天，

$m=\Sigma b_i+\Sigma Z_1/K+Z_2/K-\Sigma C/K=(1+1+2)+2/3+3/3-0/3\approx5.7$ 取 $m=6$（段）

（4）计算工期 T_p。

$T_p=(rm+\Sigma b_i-1)K+\Sigma Z_1-\Sigma C=(2\times6+4-1)\times3+2-0=47$（天）

（5）绘制流水施工进度表。如图 2-11 所示。

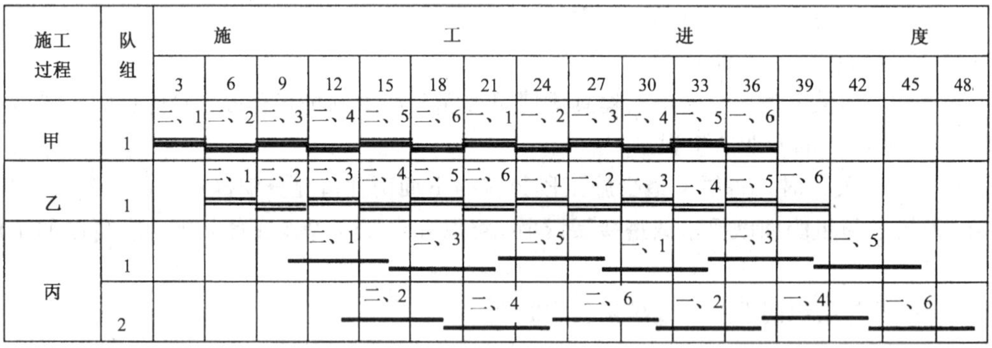

施工过程	队组	施		工				进					度			
		3	6	9	12	15	18	21	24	27	30	33	36	39	42	45	48
甲	1	二、1	二、2	二、3	二、4	二、5	二、6	一、1	一、2	一、3	一、4	一、5	一、6				
乙	1		二、1	二、2	二、3	二、4	二、5	二、6	一、1	一、2	一、3	一、4	一、5	一、6			
丙	1			二、1		二、3		二、5		一、1		一、3		一、5			
	2				二、2		二、4		二、6		一、2		一、4		一、6		

图 2-11　成倍节拍流水施工进度表

4．需注意的问题

理论上只要各施工过程的流水节拍具有倍数关系，均可采用这种成倍节拍流水组织方法。但如果其倍数差异较大，往往难以配备足够的施工队组，或者难以满足各个队组的工作面及资源要求，则这种组织方法就不可能实际应用。例如，某工程有三个施工过程，其流水节拍分别确定为甲——1 天、乙——3 天、丙——8 天。若组织成倍节拍流水，则其流水步距（取流水节拍的最大公约数）为 1 天，需配备的队组数分别为：甲施工过程 1 个，乙施工过程 3 个，丙施工过程 8 个，队组数总和为 12 个，在无间歇要求的情况下需占用 12 个施工段。如果该工程能够划分成不少于 12 个施工段（若有层间干扰关系需每层划分成不少于 12 个施工段），丙施工过程能配足 8 个施工队组，且人数能够满足劳动组合要求、工作面足够，机具、材料能够满足供应，则对这三个施工过程方可组织成倍节拍流水。实际上这些条件往往难以满足，而对甲、乙两个施工过程组织成倍节拍流水就容易得多。

三、分别流水法

在项目实际施工中，通常每个施工过程在各个施工段上的工程量彼此不等，或各个专业工作队的生产效率相差悬殊，导致大多数的流水节拍也彼此不等，因而不可能组织成全等节拍流水或等步距成倍节拍流水。在这种情况下，往往利用流水施工的基本概念，在满

足施工工艺要求、符合施工顺序的前提下，使相邻的两个专业工作队既不互相干扰，又能在开工的时间上最大限度地搭接起来，形成每个专业队组都能连续作业的无节奏流水施工。这种流水施工组织方式，称为分别流水，也叫无节奏流水。

1. 形式与特点

【例 2-8】 某工程分为四段，有甲、乙、丙三个施工过程，组织相应的三个专业队组进行施工，施工顺序为甲→乙→丙。他们在各段上的流水节拍分别为：甲——3、2、2、4；乙——1、3、2、2；丙——3、2、3、2。其流水施工方案见图 2-12。

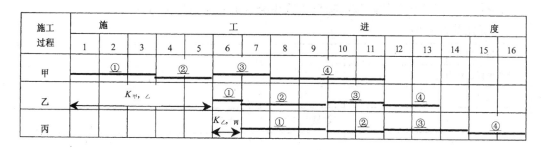

图 2-12 分别流水施工的形式

由图 2-12 可以看出，分别流水施工具有以下特点：

(1) 同一施工过程在各施工段上的流水节拍相等或不等，不同施工过程之间的流水节拍不等，也无规律可循。

(2) 在多数情况下，流水步距彼此不等，而流水步距与流水节拍之间存在着某种函数关系。

(3) 在一个施工层内每个专业工作队都能够连续施工，施工段可能有间歇时间。

(4) 专业工作队数等于施工过程数。

2. 组织步骤

(1) 确定施工起点流向，分解施工过程。

(2) 确定施工顺序，划分施工段。

(3) 计算每个施工过程在各个施工段上的流水节拍。

(4) 计算各相邻施工队组间的流水步距。

常采用潘特考夫斯基法进行计算。该法是用节拍"累加数列错位相减取其最大差"作为流水步距。其计算步骤如下。

1) 根据专业工作队在各施工段上的流水节拍，求累加数列；

2) 根据施工顺序，分别将相邻施工过程的两个累加数列错位相减；

3) 相减结果中数值最大者，即为该两施工过程专业工作队之间的流水步距。

(5) 计算流水施工的计划工期。

$$T_{\mathrm{P}} = \Sigma K + T_{\mathrm{N}} + \Sigma Z_1 - \Sigma C \qquad (2-10)$$

式中　ΣK——各相邻两个专业工作队之间的流水步距之和；

T_{N}——最后一个专业队组总的工作延续时间；

ΣZ_1——各施工过程之间的间歇（包括技术间歇与组织间歇）时间之和；

ΣC——相邻两专业工作队之间的平行搭接时间之和。

（6）绘制流水施工进度表

3. 应用举例

【例 2－9】 某工程分为四段，有 A、B、C、D 四个施工过程，施工顺序为 $A \rightarrow B \rightarrow C \rightarrow D$。各施工过程在各段上的流水节拍分别为：$A$——3、4、2、3；$B$——2、3、3、2；$C$——2、2、3、2；$D$——4、4、3、1。据技术要求，$B$ 施工后至少间歇 2 天方准许 C 进行相应施工段的施工，允许施工过程 D 与 C 间搭接 1 天。试编制流水施工方案。

【解】 根据题设条件，该工程只能采用分别流水法组织无节奏流水。

1. 确定流水步距

A 节拍累加数列	3	7	9	12	
B 节拍累加数列		2	5	8	10
差值	3	5	4	4	−10

取最大差值，即 $K_{A,B}=5$ 天

B 节拍累加数列	2	5	8	10	
C 节拍累加数列		2	4	7	9
差值	2	3	4	3	−9

取最大差值，即 $K_{B,C}=4$ 天

C 节拍累加数列	2	4	7	9	
D 节拍累加数列		4	8	11	12
差值	2	0	−1	−2	−12

取最大差值，即 $K_{C,D}=2$ 天

2. 计算工期

$$T_{\mathrm{P}}=\Sigma K+T_{\mathrm{N}}+\Sigma Z_1-\Sigma C=（5+4+2）+12+2-1=24（天）$$

3. 绘制流水施工进度表：见图 2-13。

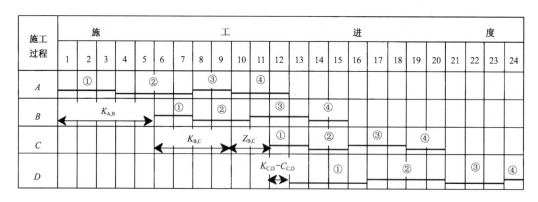

图 2-13 分别流水施工进度表

4. 需要注意的问题

（1）分别流水法是流水施工中最基本的组织方法。它不仅在流水节拍不规则的条件下使用，对于在全等节拍流水、成倍节拍流水那种流水节拍有规律的条件下，当施工段数、施

工队组数、以及工作面或资源状况不能满足相应要求时，也可以按分别流水法组织施工。

（2）若上述例题是指在一个施工层内的 4 个流水段，则在其他施工层应继续保持各施工过程间的流水步距，这样才可避免相邻施工过程在工作面上发生冲突的现象。在整个工程中，至少可以保证一个施工队组连续作业，而其他施工队组则可保证在每个施工层内连续作业。

第四节 流水施工的应用

在编制施工进度计划时，一般均应组织流水施工。就整个计划而言，往往只能采用分别流水的组织方法，但应力争在一个或几个局部（某几个分部工程或某几个分项工程之间）组织节奏流水。而组织节奏流水时，首先应考虑全等节拍流水，其次考虑组织成倍节拍流水。凡有条件或通过创造条件能够满足全等节拍流水要求时，一定组织全等节拍流水，以取得良好的效果。事实上要组织好流水施工，不但要求计划编制人员具有扎实的流水施工知识和实际工程经验，还要花费很大的精力。

组织流水施工时，首先应根据工程的层数、面积、施工作业部位和内容、工期要求、资源配备等具体情况，划分施工区、施工层和施工段；其次根据作业内容、工序要求、施工队组的配备和构成情况等确定施工过程，并计算出各施工过程的工程量、劳动量；再根据每一施工过程的劳动量，考虑工期要求或劳动力及机具配备状况、班制安排、工艺要求、流水组织方法等确定出合理的流水节拍。为了便于组织和安排，应将施工过程、工程量、劳动量、工种人数、工作延续时间和流水节拍以表格形式列出。列表时应按照工程部位及施工的先后顺序排列。

组织流水时，要以主要施工过程为主。即组织几个主要施工过程进行流水作业，而次要施工过程可以不参与流水，只作穿插配合。在符合施工工序的前提下，力争使主要工种连续作业。对同一工种同时有几项工作任务时，可采取分兵几路同时作业，也可集中力量打歼灭战。

工程实例如下：

1. 某公寓楼装饰装修工程的流水施工

某公寓楼 4～24 层及首层部分室内装修工程，总装修面积为 1.8 万 m²，要求工期为 4 个月。装修部位包括首层小接待厅、走廊、首层及 7～24 层电梯厅；7～24 层公共走廊，7～24 层共 72 套标准住宅。主要装饰装修工程量见表 2-6。

主要工种的人员配备情况如下：木工 180 人，泥工 121 人，油工 120 人，水工 65 人，电工 45 人，普工 56 人，合计 587 人。

主要装饰装修工程量表　　　　　　　　　　　　　　　　　　　表 2-6

序号	项　　目	单　　位	工　程　量
1	木门套及门	扇	1427
2	空调箱罩	m	1740
3	石材踢脚线	m	7641

序号	项　　目	单　　位	工　程　量
4	踢脚线	m	10206
5	卧室衣柜	m	636
6	轻钢龙骨石膏板吊顶	m²	17817
7	吊顶乳胶漆面层	m²	15718
8	各式灯具	套	2251
9	地毯（带垫）	m²	10497
10	瓷砖墙面	m²	2454
11	瓷砖地面	m²	4680
12	卫生洁具（三件套）	套	282
13	厨房吊柜及灶台	套	136
14	石材地面	m²	204.3
15	石材墙面	m²	929
16	木墙裙	m²	1155
17	丙烯酸涂料墙面	m²	28960
18	木地板	m²	650
19	壁　纸	m²	7572

　　由于工期较紧，将7～24层共18个标准层分为上、中、下三个施工区平行施工，每区分三段流水作业，即每两个楼层作为一个施工段。每个施工区内采用自上而下的流向施工。分区、分段及施工流向见示意图2-14。

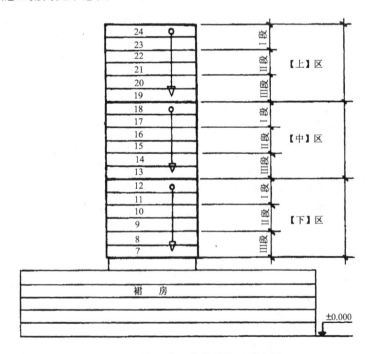

图 2-14　施工分区分段及施工流向图

各区的工程量、劳动量、工种及人员安排、工作延续时间及节拍见表 2-7。

流水施工计算汇总表 表 2-7

序号	分项工程名称	工程量		劳动量		人数	工作延续时间	流水节拍
		单位	数量	工种	工日			
1	清理及放线						6	2
2	卫、洗、厨地面找平层	m²	1992	泥	125	21	6	2
3	卫、洗、厨防水层	m²	3992	防水	64	11	6	2
4	电梯厅墙面石材	m²	270	泥1	130	11	12	4
5	贴卫、厨墙面瓷砖	m²	818	泥油	450	38	12	4
6	厅、卫、厨、阳台地砖、石材	m²	1923	泥	537	30	18	6
7	厅、卫、阳台踢脚、阳台窗台	m	2547	泥1	204	14	15	5
8	卫生间台面安装	套	113	泥2	230	16	15	5
9	卫生间洁具安装	套	94	水电	188	10	18	6
10	门套制作	搅	421	木	421	60	6	2
11	安吊顶、包柱龙骨	m²	5939	木	1295	60	21	7
12	顶棚内水电管线安装、验收					10	21	7
13	安装纸面石膏板	m²	5939	木	505	60	9	3
14	衣柜制安	m	212	木1	732	27	27	9
15	空调箱罩制安	m	580	木2	870	33	27	9
16	顶棚披腻子	m²	5239	油	314	40	9	3
17	墙面披腻子	m²	12380	油	742	40	18	6
18	顶棚、墙面涂料	m²	17620	油	529	40	12	4
19	做木墙裙	m²	385	木1	53	6	9	3
20	铺起居室柚木地板	m²	217	木2	56	6	9	3
21	安踢脚板	m	3402	木3	469	48	9	3
22	安木门	扇	473	木1	237	26	9	3
23	化妆镜安装	m²	106	木2	86	10	9	3
24	橱柜、灶具、洗槽安装	套	45	木3	180	20	9	3
25	木制品油漆			油		40	12	4
26	五金安装			木		60	9	3
27	安灯具、开关、喷洒头			水电		15	21	7
28	贴走道墙面壁纸	m²	453	油	90	15	6	2
29	铺设地毯	m²	3499	木	1284	60	21	7
30	其他							
31	清理及修整						5	

每区的流水施工具体安排见图5-7。图中，每个施工过程后的三条线段分别表示三个施工段的进度安排，第一条线段表示该区的上部两层（即第一段），中间线段表示该区的中间两层（即第二段），依此类推。

整个施工进度计划为分别流水，局部（第1、2、3项，第13与第16项等）实现了全等节拍流水。木工为最主要的施工过程，通过集中作业和分组作业，既保证了施工顺序合理，又使木工得到充分利用、工作连续无间歇（从图中箭线可以看出工作队作业流动情况）。油工在装饰施工中也是较繁忙的工种，在计划的中后期，也保持了连续作业。

2. 某酒店客房标准区装饰装修工程的流水施工

该工程每个标准区分为三个施工段，划分为23项主要施工过程。每个施工区配备木工38人，抹灰工21人，油工22人，水电工15人（2个区共用），其他12人。考虑木工作业内容多且量最大，划分为A、B两个组分头作业。木工A组20人，主要负责门套制作安装、衣柜及踢脚线的制安、木墙裙施工、五金安装及家具安装；B组18人，主要负责固定衣柜制作安装、吊顶施工、门扇安装及地毯铺装。

整个进度计划采用了分别流水法，在施工工序合理的前提下，通过精心组织和巧妙安排，使得各主要工种基本上实现了连续作业，劳动力的使用也较为均衡。流水施工进度计划表见图2-15。

复 习 题

2-1 组织施工有哪三种方式，各有何特点？

2-2 流水施工的实质是什么？有哪些优点？

2-3 流水施工参数有哪些？各如何确定？

2-4 组织流水施工为什么常要分段？分段原则有哪些？

2-5 按流水节拍的特点及流水节奏的特征，流水作业各有哪些组织方法？

2-6 全等节拍、成倍节拍和分别流水法各如何组织？

2-7 某工程由甲、乙、丙三个施工过程组成，该工程有两层，每层划分为五个施工段，各施工过程的流水节拍均为3天。要求施工过程乙完成后，相应施工段至少应有3天技术间歇时间。试编制其工期最短的流水施工方案。

2-8 某工程有按施工顺序分为A、B、C三个施工过程。据工艺要求，各施工过程的流水节拍定为：A——9天，B——9天，C——6天，若该工程为两层，采取自上而下的流向，层间间歇为3天，且A完成后需间歇不少于2天才允许B开始。试组织成倍节拍流水并绘制流水进度表。

2-9 某工程分为4段，有三个专业队进行流水作业，它们在各段上的流水节拍见表2-8（单位：天）。试按分别流水法组织施工，保证各队连续作业。

表 2-8

施工段 施工过程	1	2	3	4
甲	3	3	2	2
乙	4	2	3	2
丙	2	2	2	3

某酒店客房标准区装修装饰流水施工进度计划表

序号	项目名称	班组	人数	延续时间	施工进度
1	清理放线	木A	20	3	
2	厕浴找平	抹	21	15	
3	厕浴防水	油	22	9	
4	门套制作	木A	20	15	
5	厕浴贴砖	抹	21	24	
6	洁具安装	水	15	9	
7	贴砖收口	抹	21	9	
8	衣柜制作	木B	18	15	
9	作踢脚线	木A	10	9	
10	作窗帘盒	木B	10	9	
11	吊顶	木B	18	12	
12	玻璃腻子	油	22	18	
13	刷乳胶漆	油	12	9	
14	墙裙龙骨	木A	20	12	
15	封面板	木A	10	18	
16	线条钉设	木A	10	18	
17	安木门	木B	18	24	
18	木制油漆	油	22	21	
19	五金安装	木A	20	15	
20	灯具安装	电	15	15	
21	地毯	木B	18	21	
22	家具	木A	20	15	
23	清理验收		15	3	

高峰人数：108
平均人数：60
劳动力不均衡系数：1.73

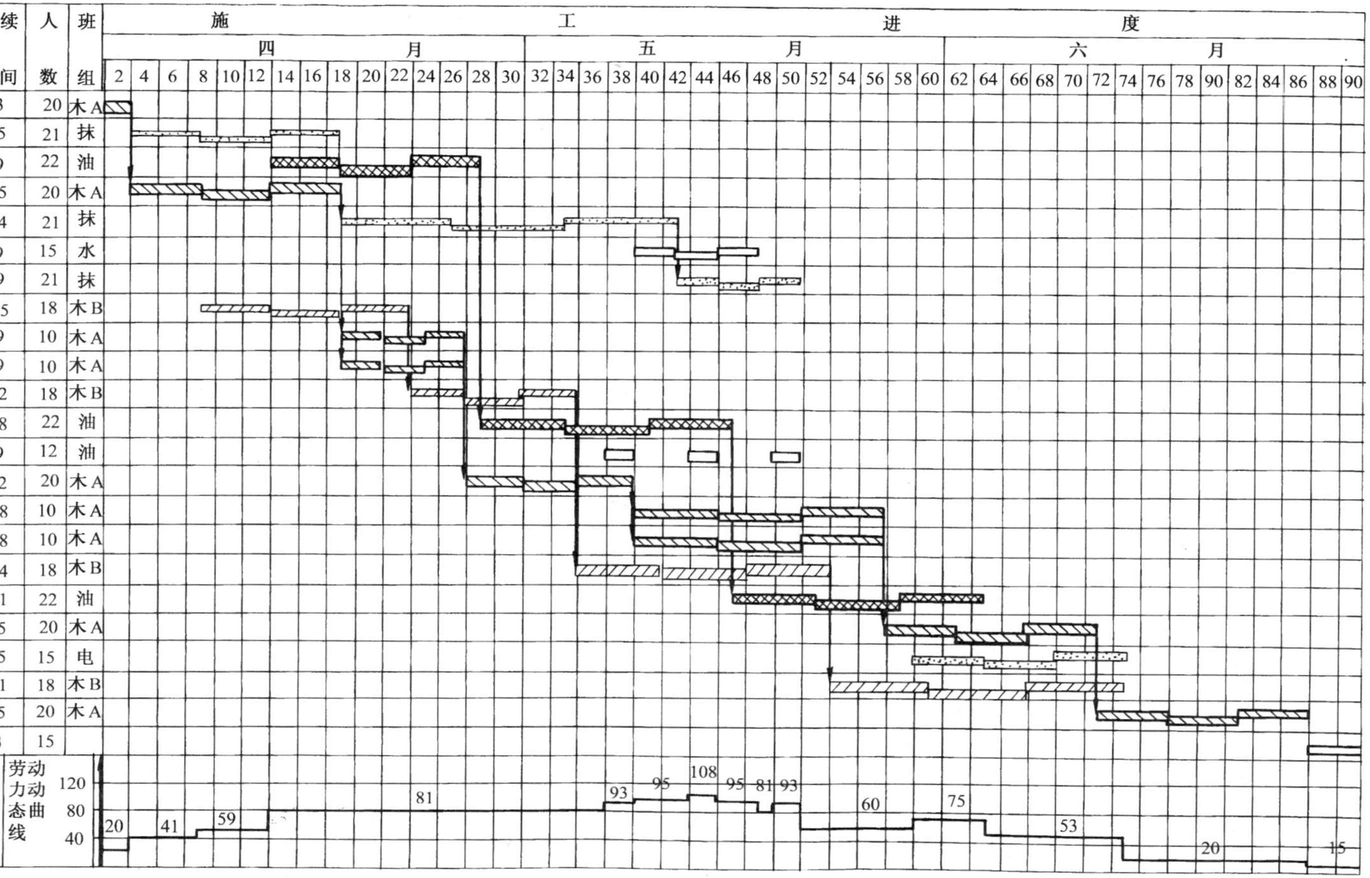

劳动力动态曲线：120 80 40

图 2-15 酒店客房流水施工

43

第三章　网络计划原理与应用

第一节　概　　述

一、网络计划的发展

随着现代化生产的不断发展，计划管理工作愈来愈复杂。19世纪发展起来的甘特图（横道图）进度计划，已不能适应庞大、复杂项目计划的制定和管理的需要。于是二十世纪五十年代中后期在美国发展起来两种基于网络分析的计划管理方法，即关键线路法（CPM）和计划评审法（PERT）。实践证明这些方法是符合现代工业、现代国防、现代科学技术需要的科学的计划管理方法，因而，受到各个国家的重视，使网络计划技术得到了迅速发展。

二十世纪六十年代初期，著名数学家华罗庚教授首先将网络计划介绍到我国，称之为"统筹法"。在他的倡导下，我国开始了对网络计划技术的研究，并在生产中得到了广泛应用。1992年国家技术监督局颁发了《网络计划技术常用术语》、《网络计划技术网络图画法的一般规定》和《网络计划技术在项目管理中应用的一般程序》等三项国家标准，建设部也颁布了《工程网络计划技术规程》行业标准（现修订版 JGJ/T 121—99 已发布并开始施行）。目前随着计算机的普及与发展，各种项目计划管理软件如雨后春笋，网络计划方法已更广泛地应用于各个部门、各个领域，特别是工程施工单位。无论是项目的招投标，还是项目的实施与监督，在项目进度计划的编制、优化，施工进度的实施、控制、调整等各个方面都发挥着重要作用。

二、网络计划的基本原理

网络计划技术就是利用网络图的形式表达一项工程中各项工作的先后顺序及逻辑关系，经过计算分析，找出关键工作和关键线路，并按照一定目标使网络计划不断完善，以选择最优方案；在计划执行过程中进行有效的控制和调整，力求以较小的消耗取得最佳的经济效益和社会效益。

三、网络计划方法的特点

网络计划方法既是一种科学的计划方法，又是一种有效的生产管理方法。网络计划方法作为一种计划的编制和表达方法与我们一般常用的横道计划法具有同样的功能。对一项工程的进度安排，用这两种计划方法中的任何一种都可以把它表达出来。但由于表达形式不同，它们所发挥的作用也就各具特点。横道计划以横向线条结合时间坐标来表示各项工作的施工起止时间和先后顺序，整个计划由一系列的横道组成。其优点是比较容易编制，简单、明了、直观、易懂；因为有时间坐标，各项工作的起止时间、作业持续时间、工作进度、总工期，以及流水作业都能一目了然；对人力和其他资源的计算也便于按图叠加。它的缺点主要是不能全面地反映出各项工作之间错综复杂、相互联系、相互制约的关系；不便进行各种时间参数的计算；不能反映出哪些工作是主要的、关键性的，也不能从图中看出计划中的潜力所在；不能使用计算机进行计算和优化。

网络计划是以箭线和节点组成的网状图形来表示的施工进度计划。其优点是把施工过程中的各有关工作组成了一个有机的整体，能全面而明确地反映出各项工作之间的相互制约和相互依赖的关系；它可以进行各种时间参数的计算，能在工作繁多、错综复杂的计划中找出影响工程进度的关键工作和关键线路，便于管理人员抓住施工中的主要矛盾，集中精力确保工期，避免盲目抢工；通过对各项工作机动时间（时差）的计算，可以更好地运用和调配人员与设备，节约人力、物力，达到降低成本的目的；在计划执行过程中，当某一项工作因故提前或拖后时，能从网络计划中预见到它对其后续工作及总工期的影响程度，便于采取措施；可以利用计算机对复杂的计划进行计算、调整和优化。它的缺点是从图上很难清晰地反映出流水作业的情况；对一般的网络计划，不能利用叠加方法计算各种资源需要量的变化情况。

四、网络计划的几个基本概念

1. 网络图

网络图是由箭线和节点按照一定规则组成，用来表示工作流程的、有向有序的网状图形。网络图分为双代号网络图和单代号网络图两种形式，由两个节点和一条箭线来表示一项工作的网络图称为双代号网络图；而由一个节点表示一项工作，以箭线表示工作顺序的网络图称为单代号网络图。

2. 网络计划与网络计划技术

在网络图上加注工作的时间参数而编制成的施工进度计划，称为网络计划。用网络计划对项目的工作进度进行安排和控制，以保证实现预定目标的科学的计划管理技术，称为网络计划技术。

第二节 双代号网络计划

双代号网络计划目前在国内应用较为普遍，它易于绘制成带有时间坐标的网络计划而便于优化和使用。但逻辑关系表达较复杂，常需使用虚工作。

一、双代号网络图的组成

双代号网络图由箭线、节点、节点编号、虚箭线、线路等五个基本要素组成。对于每一项工作而言，其基本形式如图 3-1 所示。

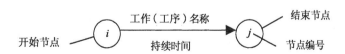

图 3-1 双代号网络图中表示一项工作的基本形式

1. 箭线

（1）作用

在双代号网络图中，一条箭线表示一项工作，又称工序、作业或活动，如砌墙、抹灰等。而工作所包括的范围可大可小，既可以是一道工序，也可以是一个分项工程或一个分部工程，甚至是一个单位工程。

（2）特点

每项工作的进行必然要占用一定的时间，往往也要消耗一定的资源（如劳动力、材料、机械设备）。对于不消耗资源，仅占用一定时间的施工过程，也应视为一项工作。例如，墙面刷涂料前抹灰层的"干燥"，这是由于技术上的需要而引起的间歇等待时间，虽然不消耗资源，但在网络图中也可作为一项工作，以一条箭线来表示。

（3）表达形式与要求

1）在无时标的网络图中，箭线的长短并不反映该工作占用时间的长短。箭线的形状可以是水平直线，也可以是折线或斜线，但最好画成水平直线或带水平直线的折线。在同一张网络图上，箭线的画法要统一。

2）箭线所指的方向表示工作进行的方向，箭线的尾端表示该项工作的开始，箭头端则表示该项工作的结束。工作名称应标注在水平箭线的上方或垂直箭线的左侧，工作的持续时间（也称作业时间）则标注在水平箭线的下方或垂直箭线的右侧，如图 3-1 所示。

2. 节点

（1）作用

在双代号网络图中，节点代表一项工作的开始或结束，用圆圈表示。箭线尾部的节点称为该箭线所示工作的开始节点，箭头处的节点称为该箭线所示工作的结束节点。在一个完整的网络图中，除了最前的起点节点和最后的终点节点外，其余任何一个节点都具有双重含义——既是前面工作的结束点，又是后面工作的开始点。

（2）特点

节点仅为前后两项工作的交接点，只是一个"瞬间"概念，因此它既不消耗时间，也不消耗资源。

3. 节点编号

（1）作用

在双代号网络图中，一项工作可以用其箭线两端节点内的号码来表示，以方便网络图的检查与计算。

（2）编号要求

对一个网络图中的所有节点应进行统一编号，不得有缺编和重号现象。对于每一项工作而言，其箭头节点的号码应大于箭尾节点的号码，即顺箭线方向由小到大，图 3-1 中，j 应大于 i。

（3）编号方法

编号宜在绘图完成、检查无误后，顺着箭头方向依次进行。当网络图中的箭线均为由左向右和由上至下时，可采取每行由左向右，由上至下逐行编号的水平编号法；也可采取每列由上至下，由左向右逐列编号的垂直编号法。为了便于修改和调整，可隔号编号。

4. 虚箭线

虚箭线又称虚工作，它表示一项虚拟的工作，用带箭头的虚线表示。由于是虚拟的工作，故没有工作名称和工作延续时间。箭线过短时可用实箭线表示，但其工作延续时间必须用"0"标出。

（1）特点

由于是虚拟的工作，所以它既不消耗时间，也不消耗资源。

（2）作用

虚箭线可起到联系、区分和断路作用，是双代号网络图中表达一些工作之间的相互联系、相互制约关系，保证逻辑关系正确的必要手段。这在后面的绘图中，很容易理解和体会。

5. 线路

在网络图中，从起点节点开始，沿箭线方向连续通过一系列箭线与节点，最后到达终点节点所经过的通路叫线路。线路可依次用该通路上的节点代号来记述，也可依次用该通路上的工作名称来记述。如图 3-2 所示网络图的线路有：

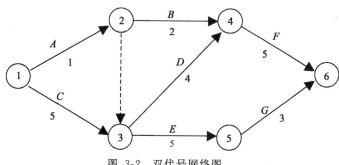

图 3-2　双代号网络图

①→②→④→⑥（8 天）；①→②→③→④→⑥（10 天）；①→②→③→⑤→⑥（9 天）；①→③→④→⑥（14 天）；①→③→⑤→⑥（13 天），共 5 条线路。

每条线路都有自己确定的完成时间，它等于该线路上各项工作持续时间的总和，也是完成这条线路上所有工作的计划工期。其中，第四条线路耗时（14 天）最长，对整个工程的完工起着决定性的作用，称为关键线路；第五条线路（13 天）称为次关键线路；其余的线路均称为非关键线路。处于关键线路上的各项工作称为关键工作，关键工作完成的快慢将直接影响整个计划工期的实现。关键线路上的箭线常采用粗箭线、双箭线或其他颜色箭线表示。

关键线路并不是一成不变的，在一定条件下，关键线路和非关键线路可以互相转化。当采取了一定的技术与组织措施，缩短了关键线路上各工作的持续时间时，就有可能使关键线路发生转移，从而使原来的关键线路变成非关键线路，而原来的非关键线路却变成关键线路。

位于非关键线路上的工作除关键工作外，都称为非关键工作，它们都有机动时间（即时差）；非关键工作也不是一成不变的，它可以转化成关键工作；利用非关键工作的机动时间可以科学地、合理地调配资源和对网络计划进行优化。

二、双代号网络图的绘制

网络计划技术是建筑装饰装修施工中编制施工进度计划和控制施工进度的主要手段。因此，在绘制网络图时必须遵循一定的基本规则和要求，使网络图能正确地表达整个工程的施工工艺流程和各工作开展的先后顺序以及它们之间相互制约、相互依赖的逻辑关系。

（一）绘制网络图的基本规则

（1）必须正确地表达各项工作之间的先后顺序和逻辑关系。

在绘制网络图时，要根据施工顺序和施工组织的要求，正确地反映各项工作之间的先后顺序和相互制约、相互依赖的关系。这些关系是多种多样的，常见的几种表示方法见表 3-1。

双代号网络图中各工作逻辑关系的表示方法　　　　表 3-1

序号	工作之间的逻辑关系	网络图中的表示方法	说　明
1	A 工作完成后进行 B 工作	 A → B	A 工作制约着 B 工作的开始，B 工作依赖着 A 工作
2	A、B、C 三项工作同时开始	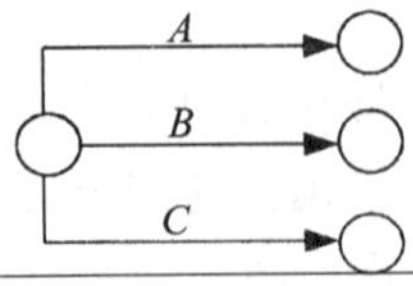 A、B、C	A、B、C 三项工作称为平行工作
3	A、B、C 三项工作同时结束	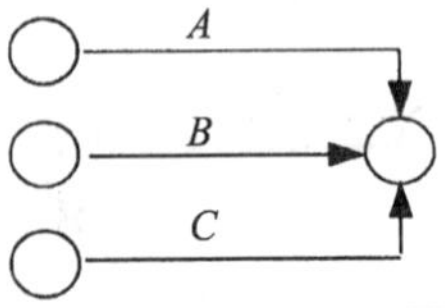 A、B、C	A、B、C 三项工作称为平行工作
4	有 A、B、C 三项工作。只有 A 完成后，B、C 才能开始	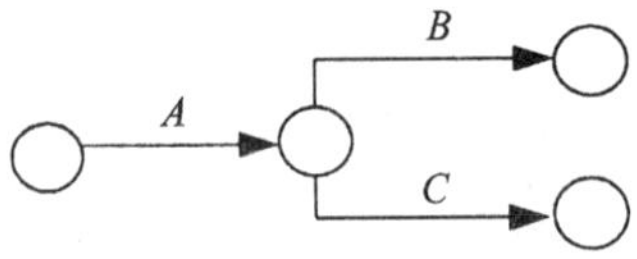 A，B、C	A 工作制约着 B、C 工作的开始，B、C 为平行工作
5	有 A、B、C 三项工作。C 工作只有在 A、B 完成后才能开始	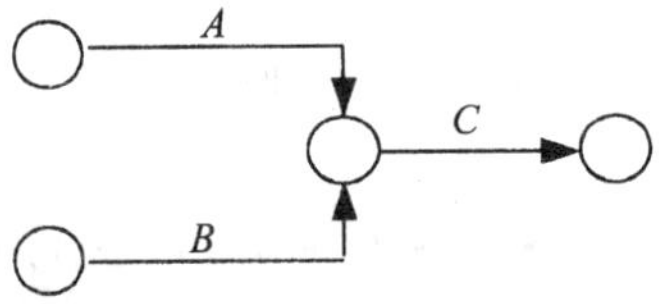 A、B，C	C 工作依赖着 A、B 工作，A、B 为平行工作
6	有 A、B、C、D 四项工作。只有当 A、B 完成后，C、D 才能开始	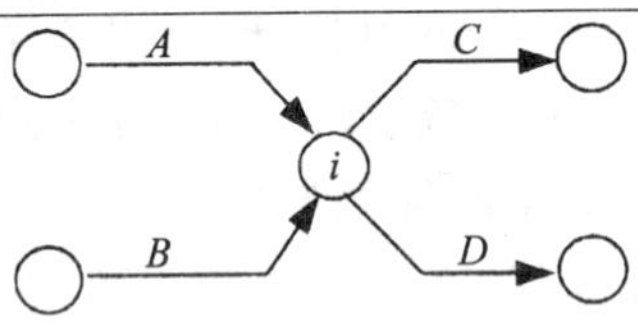 A、B → i → C、D	通过中间节点 i 正确地表达了 A、B、C、D 工作之间的关系
7	有 A、B、C、D 四项工作。A 完成后 C 才能开始，A、B 完成后 D 才能开始	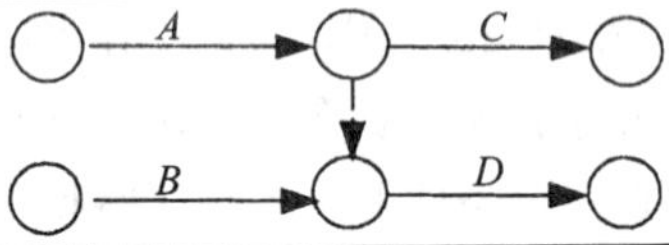 A → C，B → D	D 与 A 之间引入了逻辑连接（虚工作），从而正确地表达了它们之间的制约关系
8	有 A、B、C、D、E 五项工作。A、B 完成后 C 才能开始，B、D 完成后 E 才能开始	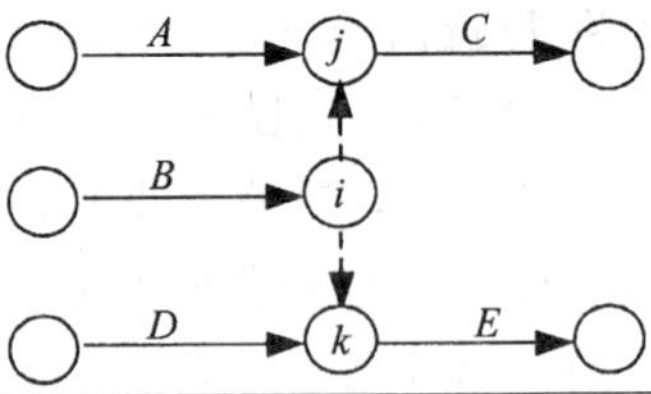 A → j → C，B → i，D → k → E	虚工作 ij 反映出 C 工作受到 B 工作的制约；虚工作 ik 反映出 E 工作受到 B 工作的制约
9	有 A、B、C、D、E 五项工作。A、B、C 完成后 D 才能开始，B、C 完成后 E 才能开始	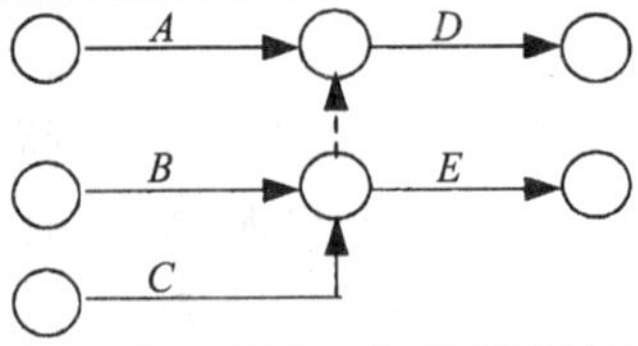 A → D，B → E，C	虚工作反映出 D 工作受到 B、C 工作的制约
10	A、B 两项工作分三个施工段，平行施工	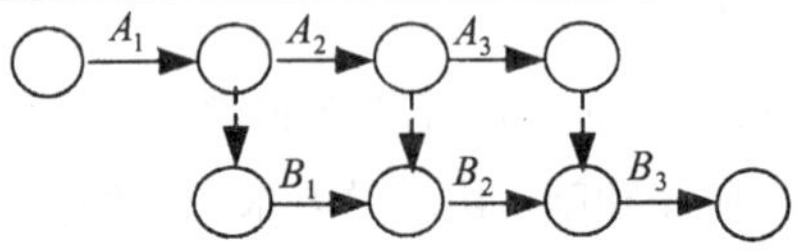 A_1、A_2、A_3，B_1、B_2、B_3	每个工种工程建立专业工作队，在每个施工段上进行流水作业，虚工作表达了工种间的工作面关系

（2）在一个网络图中，只能有一个起点节点和一个终点节点。否则，不是完整的网络图。所谓起点节点是指只有外向箭线而无内向箭线的节点（图 3-3a），终点节点则是只有内向箭线而无外向箭线的节点（图 3-3b）。

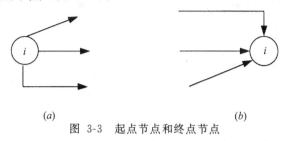

(a)   图 3-3 起点节点和终点节点   (b)

（3）网络图中不允许出现循环回路

在网络图中，如果从一个节点出发沿着某一条线路移动，又可回到原出发节点，则图中存在着循环回路或称闭合回路。图 3-4 中的②→③→④→②即为循环回路，它使得工程永远不能完成。如果工作 B 和 D 是多次反复进行时，则每次部位不同，不可能在原地重复，应使用新的箭线表示。

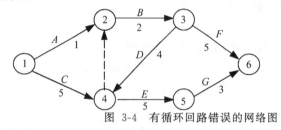

图 3-4 有循环回路错误的网络图

（4）网络图中不允许出现相同编号的工作

在网络图中，两个节点之间只能有一条箭线并表示一项工作，以两个节点的编号既可代表这项工作。例如，砌隔墙与埋隔墙内的电线管同时开始、同时结束，在图 3-5（a）中，这两项工作的编号均为 3-4，出现了重名现象，容易造成混乱。遇到这种情况，应加一个节点和一条虚箭线，从而既表达了这两项工作的平行关系，又区分了它们的代号，如图 3-5（b）所示。

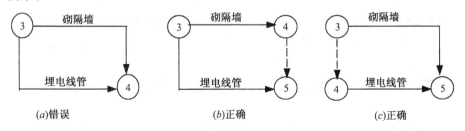

图 3-5 相同编号工作示意图

（5）不允许出现无开始节点或无结束节点的工作

如图 3-6（a）所示，"抹灰"为无开始节点的工作，其意图是表示"砌墙"进行到一定程度时，开始抹灰。但反映不出"抹灰"的准确开始时刻，也无法用代号代表抹灰工作，这在网络图中是不允许的。正确的画法是：将"砌墙"工作划分为两个施工段，引入了一个

49

节点，使抹灰工作就有了开始节点，如图 3-6 (b)。同理，在无结束节点时，也可采取同样方法进行处理。

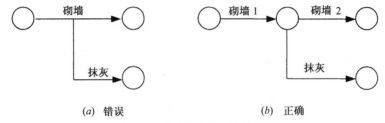

(a) 错误　　　　　　　(b) 正确

图 3-6　无开始节点工作示意图

以上是绘制网络图的基本规则，在绘图时必须严格遵守。

（二）绘制网络图的要求与方法

1. 网络图要布局规整、条理清晰、重点突出

绘制网络图时，应尽量采用水平箭线和垂直箭线而形成网格结构，尽量减少斜箭线，使网络图规整、清晰。其次，应尽量把关键工作和关键线路布置在中心位置，尽可能把密切相连的工作安排在一起，以突出重点，便于使用。

2. 交叉箭线的处理方法

绘制网络图时，应尽量避免箭线交叉，必要时可通过调整布局达到目的，如图 3-7 所示。当箭线交叉不可避免时，应采用"过桥法"或"指向法"表示，如图 3-8 所示。其中"指向法"还可以用于网络图的换行、换页。

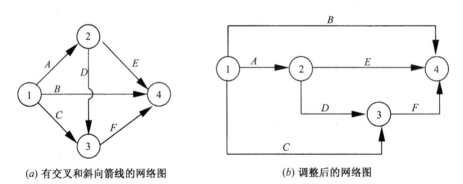

(a) 有交叉和斜向箭线的网络图　　　　(b) 调整后的网络图

图 3-7　箭线交叉及其整理

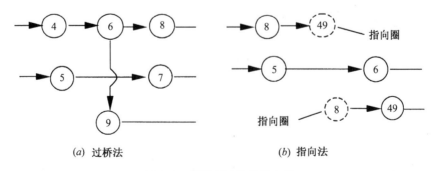

(a) 过桥法　　　　　　　(b) 指向法

图 3-8　箭线交叉的处理方法

3. 起点节点和终点节点的"母线法"

在网络图的起点节点有多条外向箭线、终点节点有多条内向箭线时，可以采用母线法绘图，如图3-9所示。对中间节点处有多条外向箭线或多条内向箭线者，在不至于造成混乱的前提下也可采用母线法绘制。

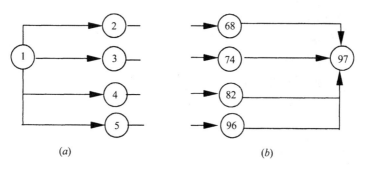

(a)　　　　　　　　　　(b)

图 3-9　母线画法

4. 网络图的排列方法

为了使网络计划更形象、更清楚地反映出建筑装饰装修工程施工的特点，绘图时可根据不同的工程情况，不同的施工组织方法和使用要求，采用不同的排列方法。使各工作在工艺上及组织上的逻辑关系准确而清楚，以便于计划的计算、调整和使用。

如果为了突出反映各施工层段之间的组织关系，可以把同一个工种或队组作业的不同施工层段排列在同一水平线上，不但施工组织顺序清楚，而且能明确地反映同一工种或施工队组的连续作业状况，如图3-10（a）所示。如果为了突出反映各施工过程之间的工艺关系，可以把在同一个施工层段上的不同施工过程排列在同一水平线上，不但施工工艺顺序清楚，且同一工作面上各工作队之间的关系明确，如图3-10（b）所示。

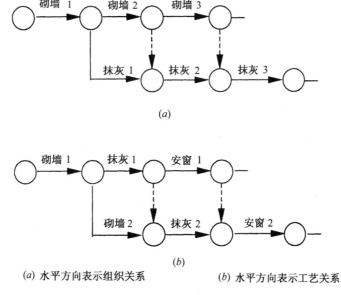

(a) 水平方向表示组织关系　　　　(b) 水平方向表示工艺关系

图 3-10　网络图的排列方法

除了以上按组织关系和按工艺关系排列以外，还可以将一个栋号内的各单位工程 一个单位工程中的各分部工程、或一个部位的各分项工程排列在同一水平线上。形成按栋号排列的网络计划，按单位工程排列的网络计划，按施工部位排列的网计划。绘制网络图时可以根据使用要求，同时选用以上一种或几种排列方法。一般情况下，应尽量使网络图的水平方向长。

5. 尽量减少不必要的箭线和节点

如图 3-11 (a)，此图在施工顺序、流水关系及网络逻辑关系上都是合理的。但这个网络图过于繁琐。对于只有进出两条箭线、且其中一条为虚箭线的节点（如③、⑥节点），在取消该节点及虚箭线不会出现相同编号的工作时，即可大胆地将这些不必要的虚箭线和节点去掉，如图 3-11 (b)。这既使网络图简单明了，同时又不会改变其逻辑关系。

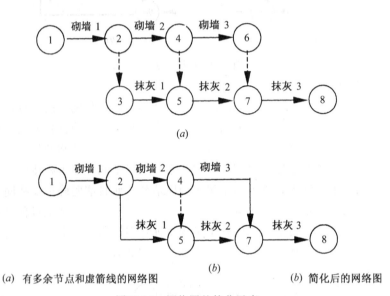

图 3-11 网络图的简化示意

（三）绘图示例

【例 3-1】 某装修装饰工程分为三个施工段，施工过程及其延续时间为：砌围护墙及隔墙 12 天，内外抹灰 15 天，安铝合金门窗 9 天，喷刷涂料 6 天。拟组织瓦工、抹灰工、木工和油工四个专业队组进行施工。试绘制双代号网络图。

绘图时应按照施工的工艺顺序和流水施工的要求进行，要遵守绘图规则，特别是要符合逻辑关系。当第一段砌墙后，瓦工转移到第二段砌墙，为第一段抹灰提供了工作面，抹灰工可开始第一段抹灰；同理第一段抹灰完成后，可安装第一段铝合金门窗……。第二段砌墙后，瓦工转移到第三段，为第二段抹灰提供了工作面，但第二段抹灰并不能进行，还需待第一段抹灰完成后才有人员、机具等，因此，需要用虚箭线来表达这种资源转移的组织关系。如图 3-12 中 3、4 节点间的虚箭线就起到了这样的组织联系作用。同理，第二段安门窗不但要待第二段抹灰完成来提供工作面，还需第一段门窗安完以提供人员等资源，因此，必须在 5、6 节点间引虚箭线。图中，由于"涂 1"是第一段最后一项工作，将其箭线直接折向节点 8，作为"涂 2"的资源条件。

图 3-12 中，第三段各施工过程仍按第二段的画法画出了全部网络图。标注了工作名称、

持续时间，并进行了节点编号。但该图中存在严重的逻辑关系错误。

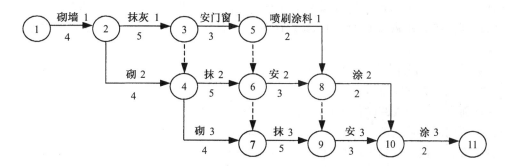

图 3-12　有逻辑关系错误的网络图

图 3-12 中的错误在于，"砌墙 3"从节点 4 画出，由于 3、4 节点间虚箭线的联系，使得"抹灰 1"成了"砌墙 3"的紧前工作。而实际上第三段砌墙（即"砌墙 3"）与第一段抹灰（即抹灰 1）之间既无工艺关系、也无工作面关系，更没有资源依赖关系。也就是说，第一段抹灰进行与否，第三段砌墙都可进行，两者之间根本没有逻辑关系。同理，第三段抹灰受到第一段安门窗的控制、第三段安门窗受到第一段涂料的控制，都是逻辑关系错误。

上述这种逻辑关系错误，主要是通过④、⑥、⑧这种"两进两出"节点引发的。因此，绘图中，当出现这种"两进两出"或"两进两出"以上的"多进多出"节点时，要认真检查有无逻辑关系错误。对于这种错误，应通过增加节点和虚箭线，来切断没有逻辑关系的工作之间的联系，这种方法称为"断路法"。图 3-13 中，将引发错误的节点前增加了一个节点和一条虚箭线，使错误得到改正。

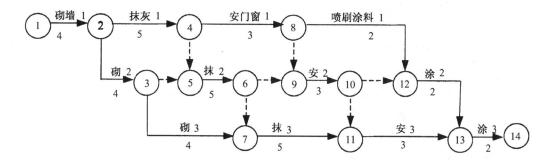

图 3-13　正确的网络图

三、双代号网络计划时间参数的计算

（一）概述

掌握了网络图的绘图方法，就能够根据实际工程的需要做出施工进度计划的网络安排。然而正确地绘制出网络图，只能说明我们已把工作之间的逻辑关系，用网络的形式表达出来了。但这个计划安排得是否经济、合理，是否符合有关部门对这项工程在工期、劳动力、材料指标等方面的具体要求，这些都是画图所解决不了的。我们知道，网络计划并不单纯

是为了安排进度，而是在一定条件下，通过调整计划，达到节约人力、物力，降低工程成本并使工期合理等目的，如果要使工期提前则力求增加的成本最低。因此画图并不是我们的最终目的，还需要进行时间参数计算、调整优化，起到指导或控制工程施工的作用。

1. 网络计划时间参数计算的目的

（1）找出关键线路

前面介绍关键线路时，是在网络图中先找出从起点至终点节点间的各条线路后，再找出其中所用时间最长的一条或若干条线路，即为关键线路。而对于较大或较复杂的网络图，线路很多，难以一一理出，必须通过计算来找出关键线路和关键工作。以便于进行调整优化并在施工过程中抓住主要矛盾。

（2）计算出时差

时差是在非关键工作中存在的富裕时间。通过计算时差可以看出每项非关键工作到底有多少可以灵活运用的机动时间，在非关键线路上有多大的潜力可挖，以便向非关键线路去要劳力及资源，调整其工作开始及持续的时间，以达到优化网络计划和保证工期的目的。

（3）求出工期

网络图绘制后，需通过计算求出按该计划执行所需的总时间，即计算工期。然后，要结合任务委托人的要求工期，综合考虑可能和需要确定出工程的计划工期。因此，计算工期是拟定整个工程计划总工期的基础，也是检查计划合理性的依据。

2. 计算条件

本节只研究肯定型网络计划。因此，其计算必须是在工作、工作的持续时间以及工作之间的逻辑关系都已确定的情况下进行。如果某些工作的持续时间未定，则应采用"流水施工方法"一节中介绍的定额计算法、工期计算法或经验估算法加以确定。

3. 计算内容

网络计划的时间参数主要包括：每项工作的最早可能开始和完成时间、最迟必须开始和完成时间、总时差、自由时差等六个参数及计算工期。根据需要不同，对于每项工作有时只计算两个参数、四个参数，或者全部算出。

4. 计算手段与方法

对于较为简单的网络计划，可以采用人工计算，对于复杂的网络计划应采用计算机程序进行编制、绘图与计算。相应的工程项目计划管理软件都具备这种功能。但人工计算是基础，掌握计算原理与方法是理解时间参数的意义、使用计算机软件、优化与调整进度计划、检查与控制施工进度的必要条件。

常用的计算方法有图上计算法、表上计算法、分析计算法、矩阵计算法等。计算时，可以直接计算出工作的时间参数，也可以先计算出节点的时间参数，再推算出工作的时间参数。下面，主要介绍工作时间参数的图上计算法和利用节点标号计算工期与寻求关键线路的方法。

（二）图上计算法

首先，应明确几个名词，见图3-14。对于正在计算的某项工作，称为"本工作"。紧排在本工作之前的工作，都叫本工作的紧前工作；紧排在本工作之后的各项工作，都叫本工作的紧后工作。

图 3-14 本工作的紧前、紧后工作

各工作的时间参数计算后，应标注在水平箭线的上方或垂直箭线的左侧。标注的形式及每个参数的位置，需根据计算参数的个数不同，应分别按图 3-15 的规定标注：

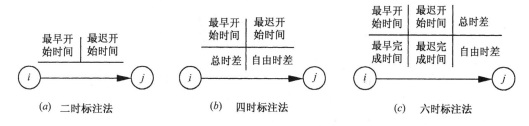

图 3-15 时间参数标注形式

此外，网络计划的种种参数计算必须依据统一的时刻标准。因此，规定无论工作的开始时间或完成时间，都一律以时间单位的刻度线上所标时刻为准，即"某天以后开始"，"第某天完成"。如图 3-16，称工程的第一项工作 A 是从"0 天以后开始"（实际上是从第 1 天开始），"第 3 天完成"。称它的紧后工作 B 在"3 天以后开始"（而实际上是从第 4 天开始），"第 5 天完成"。

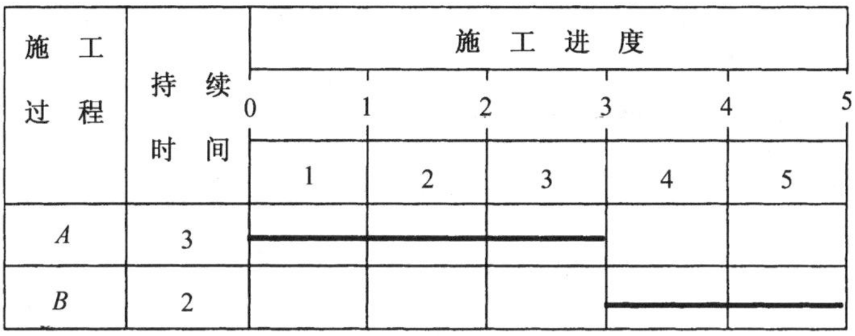

施 工 过 程	持续 时间	施 工 进 度					
		0	1	2	3	4	5
		1	2	3	4	5	
A	3						
B	2						

图 3-16 开始与完成时间示意图

1. 最早时间的计算

最早时间包括工作最早开始时间（ES）和工作最早完成时间（EF）。

（1）工作最早开始时间

工作最早开始时间亦称工作最早可能开始时间。它是指紧前工作全都完成，具备了本工作开始的必要条件的最早时刻。工作 $i—j$ 的最早开始时间用 ES_{i-j} 表示。

1）计算顺序

由于最早开始时间是以紧前工作的最早开始或最早完成时间为依据，所以，它的计算必须在各紧前工作都计算后才能进行，这就要求对整个网络计划中该参数的计算，必须从网络图的起点节点开始，顺箭线方向逐项进行，直到终点为止。

2）计算方法

凡与起点节点相连的工作都是计划的起始工作，它们的最早开始时间都定为零。即

$$ES_{i-j}=0 \qquad (i=1) \tag{3-1}$$

所有其他工作的最早开始时间的计算方法是：将其所有紧前工作 $h—i$ 的最早开始时间 ES_{h-i} 分别与各工作的持续时间 D_{h-i} 相加，取和数中的最大值；当采用六参数法计算时，可取各紧前工作最早完成时间的最大值。如下式：

$$ES_{i-j}=\max\{ES_{h-i}+D_{h-i}\}=\max\{EF_{h-i}\} \tag{3-2}$$

式中　ES_{h-i}——工作 $i—j$ 的紧前工作 $h—i$ 的最早开始时间；

　　　D_{h-i}——工作 $i—j$ 的紧前工作 $h—i$ 的持续时间；

　　　EF_{h-i}——工作 $i—j$ 的紧前工作 $h—i$ 的最早完成时间。

（2）工作最早完成时间

工作最早完成时间亦称工作最早可能完成时间。它是指一项工作如果按最早开始时间开始的情况下，该工作可能完成的最早时刻。工作 $i—j$ 的最早完成时间用 EF_{i-j} 表示，其值等于该工作最早开始时间与其持续时间之和。计算公式如下：

$$EF_{i-j}=ES_{i-j}+D_{i-j} \tag{3-3}$$

在采用六参数计算法时，某项工作的最早开始时间计算后，应立即将其最早完成时间计算出来，以便于其紧后工作的计算。

（3）计算示例

【例 3—2】　计算图 3—2 所示网络图各项工作的最早开始和最早完成时间。将计算出的工作参数按要求标注于图上，如图 3-17 所示。

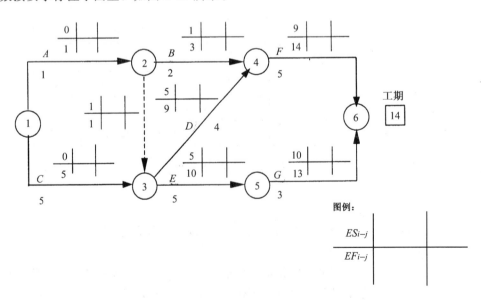

图 3-17　用图上计算法计算工作的最早时间

56

其中，工作 1—2、工作 1—3 均是该网络计划的起始工作，所以 $ES_{1-2}=0$，$ES_{2-3}=0$。工作 1—2 的最早完成时间为 $0+1=1$ 天以后。工作 1—3 的最早完成时间为 $0+5=5$ 天以后。

工作 2—4 的紧前工作是 1—2，因此 2—4 的最早开始时间就等于工作 1—2 的完成时间，为 1 天以后；工作 2—4 的完成时间为 $1+2=3$ 天以后。同理，工作 2—3 的最早开始时间也为 1 天以后，完成时间为 $1+0=1$ 天以后。在这里需要注意，对于计算不熟练者，虚工作也必须同样进行时间参数计算，以免发生计算错误。

工作 3—4 有 1—3 和 2—3 两个紧前工作，应待其全都完成，3—4 才能开始，因此工作 3—4 的最早开始时间应取工作 1—3 和 2—3 最早完成时间的大值，即 $ES_{3-4}=\max \{5, 1\}=5$ 天以后；工作 3—4 的最早完成时间为 $5+4=9$ 天以后。同理，工作 3—5 的最早开始时间也为 5 天以后，最早完成时间为 $5+5=10$ 天以后。

其他工作的计算与此类似。可在图上直接计算，将计算值按标注要求填入图中规定位置。计算结果如图 3-17 所示。

（4）计算规则

通过以上的计算分析，可以归纳出工作最早时间的计算规则，概括为："顺线累加，逢圈取大"。

2．确定网络计划的工期

当全部工作的最早开始与最早完成时间计算完后，我们假设终点节点后面还有工作，则其最早开始时间即为该网络计划的"计算工期"。本例中，计算工期 $T_c=14$ 天。

有了计算工期，还须根据不同情况确定网络计划的"计划工期"T_p。当事先未对计划提出工期要求时，可取计划工期 $T_p=T_c$。当上级主管部门或业主提出了"要求工期"T_r 时，则应取计划工期 $T_p \leqslant T_r$。本例中，由于没有事先规定要求工期，所以将计算工期作为计划工期，即：$T_p=T_c=14$ 天。

3．最迟时间的计算

最迟时间包括工作最迟完成时间（LF）和工作最迟开始时间（LS）。

（1）工作最迟完成时间

工作最迟完成时间亦称工作最迟必须完成时间。它是指在不影响整个工程任务按期完成的条件下，一项工作必须完成的最迟时刻，工作 $i—j$ 的最迟完成时间用 LF_{i-j} 表示。

1）计算顺序

计算需依据计划工期或紧后工作的要求，所以必须在各紧后工作都计算后才能计算，因此，应从网络图的终点节点开始，逆着箭线方向朝起点节点依次逐项计算，从而使整个计算工作形成一个逆箭线方向的减法过程。

2）计算方法

网络计划中最后（结束）工作 $i—n$ 的最迟完成时间 LF_{i-n} 应按计划工期 T_p 确定，即

$$LF_{i-n}=T_p \tag{3-4}$$

其他工作 $i—j$ 的最迟完成时间的计算方法是：从其所有紧后工作 $j—k$ 的最迟完成时间 LF_{j-k} 分别减去各自的持续时间 D_{j-k}，取差值中的最小值；当采用六参数计算法时，本工作的最迟结束时间等于紧后工作最迟开始时间的最小值。就是说，本工作的最迟结束时间不得影响任何紧后工作，进而不影响工期。计算公式如下：

$$LF_{i-j} = \min \left\{ LF_{j-k} - D_{j-k} \right\} = \min \left\{ LS_{j-k} \right\} \qquad (3-5)$$

（2）工作最迟开始时间

工作的最迟开始时间亦称最迟必须开始时间。它是在保证工作按最迟完成时间完成的条件下，该工作必须开始的最迟时刻。本工作的最迟开始时间用 LS_{i-j} 表示，计算方法如下：

$$LF_{i-j} = LF_{i-j} - D_{i-j} = \min \{LS_{j-k}\} - D_{i-j} \qquad (3-6)$$

（3）计算示例

对例 3—2 进行最迟完成时间与最迟开始时间的计算。

本例中，4—6 和 5—6 均为结束工作，所以最迟结束时间就等于计划工期，即：

$$LF_{4-6} = LF_{5-6} = 14 \text{ 天}。$$

工作 4—6 需持续 5 天，故其最迟开始时间为 14—5＝9 天以后；工作 5—6 需持续 3 天，故其最迟开始时间为 14—3＝11 天以后。

工作 3—5 的紧后工作是 5—6，而 5—6 的最迟开始时间是 11 天以后，所以 3—5 最迟要在 11 天以后完成；则 3—5 的最迟开始时间为 11—5＝6 天以后。

工作 3—4 的紧后工作是 4—6，而 4—6 的最迟开始时间是 9 天以后，所以 3—4 最迟要在 9 天以后完成；则 3—4 的最迟开始时间为 9—4＝5 天以后。

工作 1—3 的紧后工作有 3—4 和 3—5 两项，它们的最迟开始时间分别为 5 天以后和 6 天以后，小值为 5，所以 1—3 最迟要在 5 天以后完成；则 1—3 的最迟开始时间为 5—5＝0 天以后。

其他工作的最迟时间计算与此类似。可在图上直接计算，将计算值填入图中规定位置。计算结果见图 3—18。

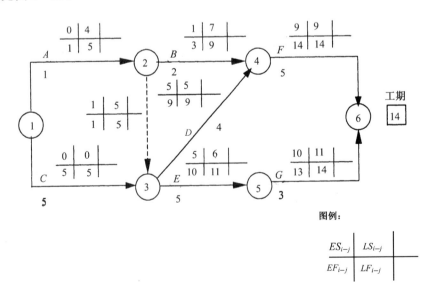

图 3-18 用图上计算法计算工作的最迟时间

（4）计算规则

通过以上的计算分析，可以归纳出工作最迟时间的计算规则，即为"逆线累减，逢圈取小"。

4. 工作时差的计算

工作时差是指在网络图的非关键工作中存在的机动时间，或者说是在不致影响工期或下一项工作开始的情况下，一项工作最多允许推迟的时间。它表明工作有多大的机动时间可以利用，时差越大，工作的时间潜力也越大。常用的时差有工作总时差（TF）和工作的自由时差（FF）。

（1）总时差

工作总时差是指在不影响工期的前提下，一项工作所拥有机动时间的最大值。工作 $i-j$ 的总时差用 TF_{i-j} 表示。

1）计算方法

工作总时差等于工作最早开始时间到最迟完成时间这段极限活动范围扣除工作本身必需的持续时间所剩余的差值。用公式表达如下：

$$TF_{i-j}=LF_{i-j}-ES_{i-j}-D_{i-j} \tag{3-7}$$

经稍加变换可得：

$$TF_{i-j}=LF_{i-j}-(ES_{i-j}+D_{i-j})=LF_{i-j}-EF_{i-j} \tag{3-8}$$

或

$$TF_{i-j}=(LF_{i-j}-D_{i-j})-ES_{i-j}=LS_{i-j}-ES_{i-j} \tag{3-9}$$

从式（3-8）和式（3-9）中可看出，利用已求出的本工作最迟与最早开始时间或最迟与最早完成时间相减，都可方便地算出本工作的总时差。如图3-19中，工作1—2的总时差为 4-0=4 或 5-1=4，将其标注在图上双十字的右上角。其他计算结果见图。

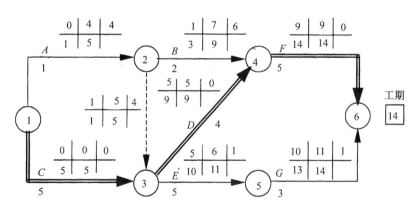

图 3-19 用图上计算法计算工作的总时差

2）计算目的

通过工作总时差的计算，可以方便地找出网络图中的关键工作和关键线路。总时差为

"0"者，意味着该工作没有机动时间，即为关键工作。由关键工作所构成的线路，就是关键线路。在图 3-19 中，双箭线所表示的①→③→④→⑥即为关键线路。在一个网络计划中，关键线路至少有一条，但不见得只有一条。

工作总时差是网络计划调整与优化的基础，是控制施工进度、确保工期的重要依据。需要注意，若利用工作总时差，将可能影响其紧后工作的最早开工时间（但不影响最迟开工时间），可能引起与其有关线路上的各项工作时差的重分配。

（2）自由时差

自由时差是总时差的一部分，是指一项工作在不影响其紧后工作最早开始的前提下，可以灵活使用的机动时间。用符号 FF_{i-j} 表示。

1）计算方法

自由时差等于本工作最早开始时间到紧后工作最早开始时间这段极限活动范围，再扣除工作本身必需的持续时间所剩余的差值。用公式表达如下：

$$FF_{i-j}=ES_{j-k}-ES_{i-j}-D_{i-j} \tag{3-10}$$

经稍加变换可得：

$$FF_{i-j}=ES_{j-k}-(ES_{i-j}+D_{i-j})=ES_{j-k}-EF_{i-j} \tag{3-11}$$

采用六参数法计算时，用紧后工作的最早开始时间减本工作的最早完成时间即可。对于网络计划的结束工作，应将计划工期看作紧后工作的最早开始时间进行计算。此外，因为自由时差是总时差中的一部分，所以一项工作的自由时差总是小于或等于其总时差。因而，总时差为零的工作，自由时差必然为"0"，可不必另行计算。

如图 3-20 所示，工作 1—2 的最早完成时间为 1 天以后，而其紧后工作 2—3 和 2—4 的最早开始时间亦为 1 天以后，所以工作 1—2 的自由时差为 1-1=0。工作 2—3 的自由时差为 9-3=6。工作 5—6 是结束工作，所以其自由时差应为 14-13=1 天。工作 1—3、3—4、4—6 的总时差为"0"，所以其自由时差均为"0"，将结果写在双十字的右下角。其他工作的计算结果见图 3-20。

需要注意，对于不计算虚工作时间参数者，若虚箭线后面有本工作的紧后工作时，应取各紧后工作最早开始时间的最小值来计算自由时差。如图 3-20 中，若未计算虚工作 2—3 的各时间参数，则工作 1—2 的自由时差计算，需依据 2—4、3—4 和 3—5 三项实际紧后工作最早开始时间的最小值，即：

$FF_{i-j}=\min \{ES_{2-4}, ES_{3-4}, ES_{3-5}\}-EF_{1-2}=\min \{1, 5, 5\}-1=1-1=0$。

2）计算目的

自由时差的利用不会对其他工作产生影响，因此应尽量利用它来变动工作的开始时间或增加持续时间，以达到工期调整和资源优化的目的。

【例 3-3】 某工程的网络图如图 3-18 所示，试采用图上计算法计算各工作的时间参数，并求出工期、找出关键线路。

【解】

先在各项工作的上方或左侧画双十字线，确定标注图例。然后在图上直接计算，步骤如下：

（1）计算每项工作的最早可能开始时间和最早可能完成时间；

从前向后，顺线累加，注意取大；最后得到工期为 19 天。

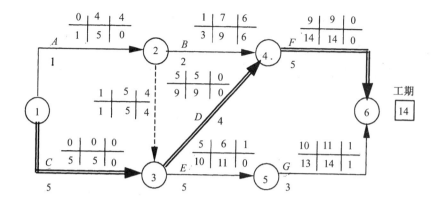

图 3-20 用图上计算法计算工作的时间参数

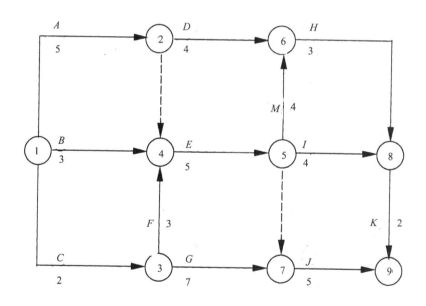

图 3-21 某工程网络图

（2）计算每项工作的最迟必须完成时间和最迟必须开始时间：

从后向前，逆线累减，注意取小。

（3）计算每项工作的总时差，找出关键线路：

最迟与最早相应时间相减。总时差为零者为关键工作，连接关键工作形成 2 条关键线路。见图中双箭线。

（4）计算每项工作的自由时差：

总时差为零者，其自由时差也为零；虚箭线也已计算，故用紧后工作的最早开始时间减本工作最早完成时间。

计算结果见图 3-22。

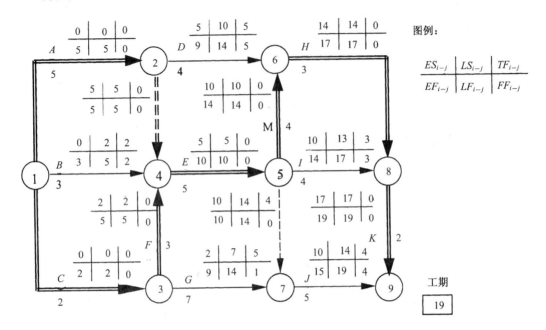

图 3-22　某工程网络计划图

（三）用节点标号法计算工期并确定关键线路

前面已阐述了利用总时差确定关键线路的方法，它必须在最早、最迟时间及总时差计算完毕后才能找出关键线路。当需要快速求出工期和找出关键线路时，可采用节点标号法。它是将每个节点以后工作的最早开始时间的数值及该数值来源于前面节点的编号写在节点处，最后可得到工期，并可循节点号找出关键线路。其步骤如下：

（1）设网络计划起点节点的标号值为零，即 $b_1=0$。

（2）顺箭线方向逐个计算节点的标号值。每个节点的标号值，等于以该节点为完成节点的各工作的开始节点标号值与相应工作持续时间之和的最大值，即：

$$b_j=\max \ \{b_i+D_{i-j}\} \tag{3-12}$$

将标号值的来源节点及得出的标号值标注在节点上方。

（3）节点标号完成后，终点节点的标号即为计算工期。

（4）从网络计划终点节点开始，逆箭线方向按源节点寻求出关键线路。

【例 3-4】　某已知网络计划如图 3-23 所示，试用标号法求出工期并找出关键线路。

【解】

（1）设起点节点标号值 $b_1=0$。

（2）对其他节点依次进行标号。各节点的标号值计算如下，并将源节点号和标号值标注在图 3-24 中。

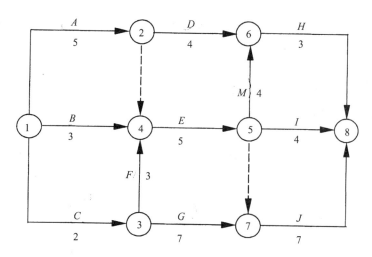

图 3-23 某工程网络图

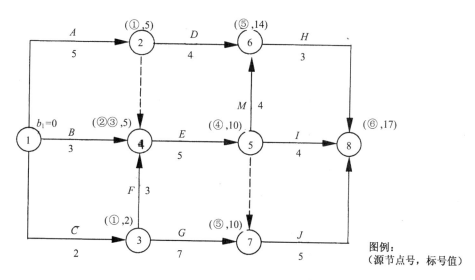

图例:
(源节点号,标号值)

图 3-24 对节点进行标号

$b_2 = b_1 + D_{1-2} = 0 + 5 = 5$

$b_3 = b_1 + D_{1-3} = 0 + 2 = 2$

$b_4 = \max\ [\ (b_1 + D_{1-4}),\ (b_2 + D_{2-4}),\ (b_3 + D_{3-4})\ ] = \max\ [\ (0+3),\ (5+0),$ $(2+3)\ ] = 5$

$b_5 = b_4 + D_{4-5} = 5 + 5 = 10$

$b_6 = b_5 + D_{5-6} = 10 + 4 = 14$

$b_7 = b_5 + D_{5-7} = 10 + 0 = 10$

$b_8 = \max\ [\ (b_5 + D_{5-8}),\ (b_6 + D_{6-8}),\ (b_7 + D_{7-8})\ ] = \max\ [\ (10+4),\ (14+3),$ $(10+5)\ ] = 17$

(3) 该网络计划的工期为 17 天。

(4) 根据源节点逆箭线寻求出关键线路。两条关键线路如图 3-25 中双线所示。

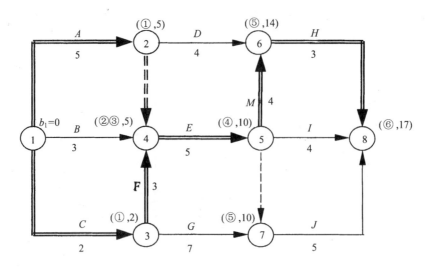

图 3-25 据源节点逆线找出关键线路

第三节 单代号网络计划

由一个节点表示一项工作，以箭线表示工作顺序的网络图称为单代号网络图。单代号网络图的逻辑关系容易表达，且不用虚箭线，便于检查和修改。但不易绘制成时标网络计划，使用不直观。

一、单代号网络图的绘制

（一）构成与基本符号

1. 节点

节点是单代号网络图的主要符号，用圆圈或方框表示。一个节点代表一项工作或工序，因而它消耗时间和资源。节点所表示工作的名称、持续时间和编号一般都标注在圆圈或方框内，有时甚至将时间参数也注在节点内，如图 3-26 所示。

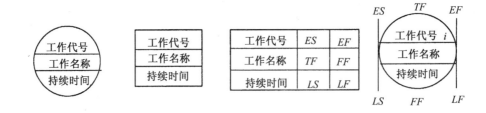

图 3-26 单代号网络图节点形式

2. 箭线

箭线在单代号网络图中，仅表示工作之间的逻辑关系。它既不占用时间，也不消耗资源。单代号网络图中不用虚箭线。箭线的箭头表示工作的前进方向，箭尾节点表示的工作是箭头节点的紧前工作。

3. 编号

每个节点都必须编号，作为该节点工作的代号。一项工作只能有一个代号，不得出现重号。编号要由小到大，即箭头节点的号码要大于箭尾节点的号码。

（二）单代号网络图绘制规则

绘制单代号网络图也必须遵循一定的逻辑规则，否则就无法判别各工作之间的关系，无法进行网络图的计算。

（1）正确表达逻辑关系。

单代号网络图工作逻辑关系表示方法   表 3-2

序号	工作之间的逻辑关系	网络图中的表示方法
1	A 工作完成后进行 B 工作	(A) → (B)
2	B、C 工作完成后 D 工作	(B) (C) → (D)
3	B 工作完成后，C、D 工作可以同时开始	(B) → (C) (D)
4	A 工作完成后进行 C 工作，B 工作完成后可同时进行 C、D 工作	(A) → (C), (B) → (D)
5	A、B 工作均完成后进行 C、D 工作	(A) (B) → (C) (D)

（2）不允许出现循环回路；

（3）不允许出现编号相同的工作；

（4）只能有一个起点节点和一个终点节点。当开始的工作或结束的工作不只一项时，应虚拟开始节点或结束节点，以避免出现多个起点节点或多个终点节点。

如某工程有四个分项工程，逻辑关系为：A、B 两工作同时开始，A 工作完成后进行 C 工作，B 工作完成后可同时进行 C、D 工作。在此，最前面两项工作（A、B）同时开始，而最后两项工作（C、D）又可同时结束，则其单代号网络图就必须虚拟开始节点和结束节点，如图 3-27 所示。

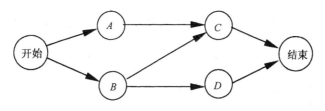

图 3-27 带虚拟节点的网络图

65

（三）单代号网络图绘制示例

【例3-5】 某装饰装修工程分为三个施工段，施工过程及其延续时间为：砌围护墙及隔墙12天，内外抹灰15天，安铝合金门窗9天，喷刷涂料12天。拟组织瓦工、抹灰工、木工和油工四个专业队组进行施工。试绘制单代号网络图。

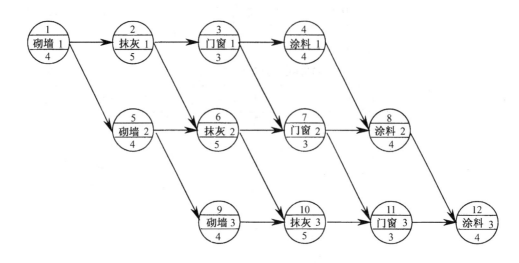

图 3-28 单代号网络图绘图示例

二、单代号网络计划时间参数的计算

（一）计算的内容与方法

单代号网络计划的时间参数与双代号网络计划时间参数的概念完全一致，但由于单代号网络图的工作在节点上，所以其参数符号的脚标与双代号不同。

单代号网络计划的时间参数主要有以下几个：

D_i——i工作的持续时间；

T_c——计算工期；

ES_i——i工作的最早开始时间；

EF_i——i工作的最早完成时间；

LS_i——i工作的最迟开始时间；

LF_i——i工作的最迟完成时间；

TF_i——i工作的总时差；

FF_i——i工作的自由时差。

单代号网络计划的计算方法有多种，为简便起见，仍沿用双代号网络计划的计算步骤与方法。

1. 最早可能时间的计算

从起点节点开始，顺箭头方向进行。

（1）最早开始时间

设起点节点（起始工作）的最早开始时间为零；其他工作的最早开始时间等于其紧前

工作最早完成时间的最大值，即：

$$ES_i = \max \{EF_h\} \qquad (3-13)$$

（2）最早完成时间

一项工作的最早完成时间就等于其最早开始时间与本工作持续时间之和，即：

$$EF_i = ES_i + D_i \qquad (3-14)$$

终点节点的最早完成时间即为计算工期。无"要求工期"时，可取计划工期等于计算工期。

2. 最迟必须时间的计算

从终点节点开始，逆箭头方向进行。

（1）最迟完成时间

以计划工期作为终点节点的最迟必须完成时间；其他工作的最迟完成时间等于其各紧后工作最迟必须开始时间的最小值。即：

$$LF_i = \min\{LS_j\} \qquad (3-15)$$

（2）最迟开始时间

工作的最迟开始时间等于其最迟完成时间减去本工作的持续时间，即：

$$LS_i = LF_i - D_i \qquad (3-16)$$

3. 时差的计算

（1）总时差

$$TF_i = LS_i - ES_i = LF_i - EF_i \qquad (3-17)$$

（2）自由时差

$$FF_i = \min\{ES_j\} - EF_i \qquad (3-18)$$

4. 确定关键线路

同双代号网络图一样，当计划工期等于计算工期时，总时差为零的工作就是关键工作，由关键工作组成的线路就是关键线路。

对于单代号网络图，还可以通过计算工作之间的时间间隔 $LAG_{i,j}$ 来判断关键线路，即自终点节点至起点节点的全部 $LAG_{i,j}=0$ 的线路为关键线路。其中工作之间的时间间隔指后项工作 j 的最早开始时间与前项工作 i 的最早完成时间的差值。计算公式如下：

$$LAG_{i,j} = ES_j - EF_i \qquad (3-19)$$

（二）计算示例

【例 3-6】 计算例 3-5 所示网络图。

（1）计算最早时间

自起点节点开始，按照"顺线累加，逢圈取大"的规则，计算出每项工作的最早开始和最早完成时间，最后得出工期为 26 天。如图 3-29 所示。

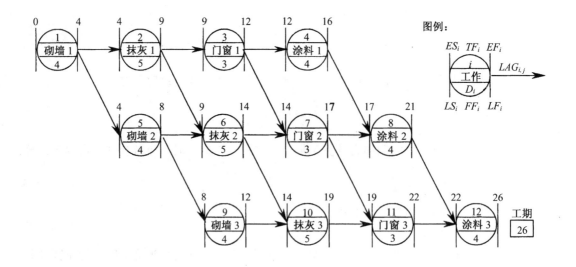

图 3-29 单代号网络计划最早时间计算

（2）计算最迟时间

以计划工期为依据，自终点节点开始，按照"逆线累减，逢圈取小"的规则，计算出每项工作的最迟完成和最迟开始时间，如图 3-30 所示。

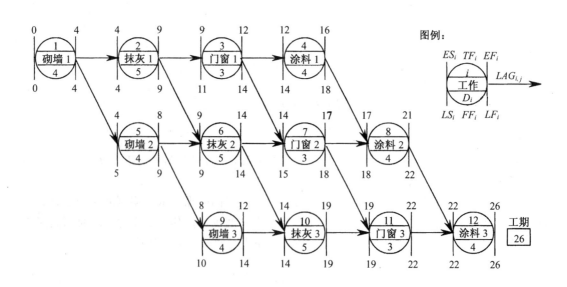

图 3-30 单代号网络计划最迟时间计算

（3）计算时差

先计算总时差，再计算自由时差。总时差为零者，自由时差必然为零。计算结果见图 3-31。

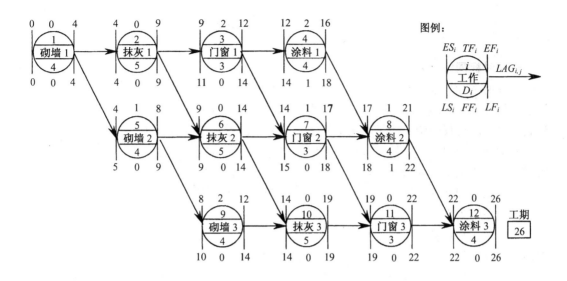

图 3-31 单代号网络计划的时差计算

自由时差也可以待工作之间的时间间隔计算后，取其与紧后工作时间间隔的最小值。

（4）找出关键线路

可以通过总时差为零找到关键工作，连接关键工作而找到关键线路。

也可以先计算工作之间的时间间隔，自终点节点到起点节点时间间隔全部为零的线路即为关键线路。时间间隔计算结果及关键线路如图 3-32 所示。

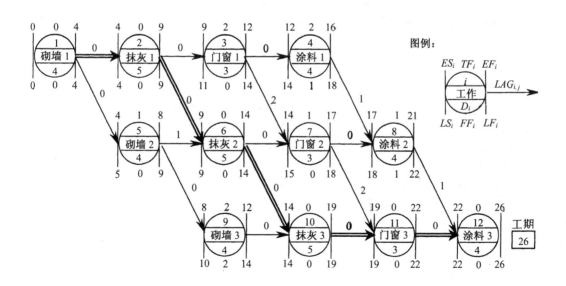

图 3-32 各工作间的时间间隔与关键线路

第四节 双代号时标网络计划

一、时标网络计划的概念与特点

时标网络计划是以时间坐标为尺度,通过箭线的长度及节点的位置,明确表达工作的持续时间及工作之间恰当时间关系的网络计划。它是目前装饰装修工程中常用的一种网络计划形式。此处仅介绍双代号时间坐标网络计划(简称时标网络计划)。

时标网络计划综合了前述的标时网络计划(通过在箭线下标注的数字来表达工作的持续时间)和横道图计划的优点,与标时网络计划相比较,具有以下特点:

(1)能够清楚地展现计划的时间进程,不但工作间的逻辑关系明确,而且时间关系也一目了然,大大方便了使用。

(2)直接显示各项工作的开始与完成时间、工作的自由时差和关键线路,可大大节省编制时的计算量;也便于使用中的调整及执行中的控制。

(3)可以通过叠加确定各个时段的材料、机具、设备及人力等资源的需要量。利于制定施工准备计划和资源需要量计划,也为进行资源优化提供了便利。

(4)由于箭线的长度受到时间坐标的制约,故绘图比较麻烦;且修改其中一项就可能引起整个网络图的变动。因此,宜利用计算机程序软件进行该种计划的编制与管理,即使得编制简单容易,又利于对工程进行动态控制与管理。

二、时标网络计划的绘制

(一)绘制要求

(1)时标网络计划需绘制在带有时间坐标的表格上。其时间单位应在编制计划之前根据需要确定,可以小时、天、周、旬、月等为单位,构成工作时间坐标体系,也可同时加注日历,更能方便使用。时间坐标可以标注在时标表的顶部、底部或上下都标注。时间刻度线宜用细线,也可不画或少画,以保证图面清晰。

(2)节点中心必须对准时间坐标的刻度线,以避免误会。

(3)以实箭线表示工作,以虚箭线表示虚工作,以水平波形线表示自由时差或与紧后工作之间的时间间隔。

(4)箭线宜采用水平箭线或水平段与垂直段组成的箭线形式,不宜用斜箭线。虚工作必须用垂直虚箭线表示,其自由时差应用水平波形线表示。

(5)时标网络计划宜按最早时间编制,以保证实施的可靠性。

(二)绘制方法

时标网络计划的编制应在绘制草图后,直接进行绘制或经计算后按时间参数绘制。

1. 按时间参数绘制法

该法是先绘制出标时网络计划,计算出时间参数并找出关键线路后,再绘制成时标网络计划。具体步骤如下:

(1)绘制时标表。

(2)将每项工作的箭尾节点按最早开始时间定位在时标表上,其布局应与无时标网络计划基本相当,然后编号。

(3)用实箭线形式绘制出工作箭线,当某些工作箭线的长度不足以达到该工作的完成节点时，用波形线补足，箭头画在波形线与节点连接处。

（4）用垂直虚箭线绘制虚工作，虚工作的自由时差也用水平波形线补足。

2．直接绘制法

该法是不计算网络计划的时间参数，直接按草图或逻辑关系及各项工作的延续时间绘制时标网络计划。绘制步骤如下：

（1）绘制时标表。

（2）将起点节点定位于时标表的起始刻度线上。

（3）按工作的持续时间在时标表上绘制起点节点的外向箭线。

（4）工作的箭头节点必须在其所有的内向箭线绘出以后，定位在这些内向箭线中最晚完成的实箭线箭头处。

（5）某些内向实箭线长度不足以到达该箭头节点时，用波形线补足。如果虚箭线的开始节点和结束节点之间有水平距离时，以波形线补足；无水平距离则绘制垂直虚箭线。

（6）用上述方法自左至右依次确定其他节点的位置。

（三）绘制示例

【例3－7】　某装饰装修工程有三个楼层，有吊顶、顶墙涂料和铺木地板三个施工过程。其中每层吊顶确定为三周、顶墙涂料定为两周、铺木地板定为一周。试绘制其标时网络图和时标网络计划。

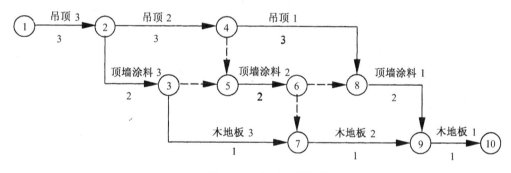

图 3-33　标时网络计划

三、时标网络计划关键线路和时间参数的判定

1．关键线路的判定与表达

自时标网络计划图的终点节点至起点节点逆箭头方向观察，自终至始未出现波形线的线路，即为关键线路。图 3-34 中的①→②→④→⑧→⑨→⑩为关键线路。与前相同，关键线路要用粗线、双线、或彩色线标注，以明确表达。

2．时间参数的判定与推算

（1）"计划工期"的判定

终点节点与起点节点所在位置的时标差值，即为时标网络计划的"计划工期"。当起点节点处于时标表的零点时，终点节点所处的时标点即是计划工期。图 3-34 中网络计划的工期为 12 周。

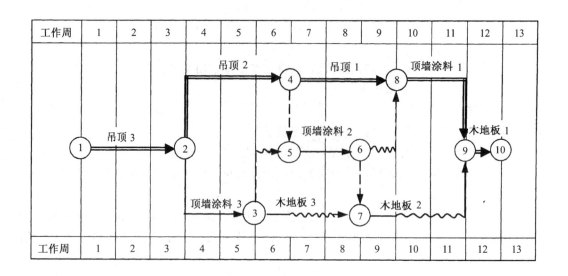

图 3-34 图 3-33 的时标网络计划

（2）最早时间的判定

工作箭线箭尾节点中心所对应的时标值，为该工作的最早开始时间。箭头节点中心或与波形线相连接的实箭线右端的时标值，为该工作的最早完成时间。图 3-34 中，"顶墙涂料3"的最早开始时间为 3 周以后（实际上是第四周），最早完成时间为第五周末；"木地板3"的最早开始时间为 5 周以后（实际上是第六周），最早完成时间为第六周末。

（3）自由时差值的判定

在时标网络计划中，工作的自由时差值等于其波形线的水平投影长度。如图 3-34 中，"木地板3"的自由时差为 2 周。

（4）总时差的推算

在时标网络计划中，工作的总时差应自右向左逐个推算。其值等于诸紧后工作总时差的最小值与本工作自由时差之和。即：

$$TF_{i-j} = \min\{TF_{j-k}\} + FF_{i-j} \qquad (3-20)$$

图 3-27 中，"木地板1"和"顶墙涂料1"的总时差均为 0；"木地板2"的总时差为 0+2=2；虚工作 6—8 的总时差为 0+1=1，6—7 的总时差为 2+0=2；"木地板3"的总时差为 2+2=4；"顶墙涂料2"有 6—7、6—8 两项紧后工作，其总时差为：

$$TF_{5-6} = \min\{TF_{6-8}, TF_{6-7}\} + FF_{5-6} = \min\{1, 2\} + 0 = 1。$$

必要时，可在计算后将总时差标注在波形线或实箭线之上。

（5）最迟时间的推算

由于已知最早开始时间和最早完成时间，又知道了总时差，故工作的最迟完成和最迟开始时间可分别用以下两公式算出：

$$LF_{i-j} = TF_{i-j} + EF_{i-j} \qquad (3-21)$$

$$LS_{i-j} = TF_{i-j} + ES_{i-j} \qquad (3-22)$$

图 3-34 中，"木地板3"的最迟完成时间为 4+6=10，最迟开始时间为 4+5=9 周以后（即第 10 周）。

第五节 网络计划的优化方法

网络计划的优化，就是在满足既定的约束条件下，按某一目标，对网络计划进行不断检查、评价、调整和完善，以寻求最优网络计划方案的过程。网络计划的优化有工期优化、费用优化和资源优化三种。费用优化又叫时间成本优化；资源优化分为资源有限—工期最短的优化和工期固定—资源均衡的优化。

一、工期优化

工期优化是在网络计划的工期不满足要求时，通过压缩计算工期以达到要求工期目标，或在一定约束条件下使工期最短的过程。

工期优化一般是通过压缩关键工作的持续时间来达到优化目标。而缩短工作持续时间的主要途径，就是增加人力和设备等施工力量，加大施工强度，缩短间歇时间。因此，在确定需缩短持续时间的关键工作时，应按以下几个方面进行选择：

（1）缩短持续时间对质量和安全影响不大的工作；

（2）有充足备用资源的工作；

（3）缩短持续时间所需增加的工人或材料最少的工作；

（4）缩短持续时间所需增加的费用最少的工作。

可以根据以上要求直接选择需缩短时间的工作。也可按各方面因素对工程的影响程度，分别设置计分分值，将需缩短持续时间的工作分项进行评价打分，从而得到"优先选择系数"，对系数小者，应优先考虑压缩。

在优化过程中，要注意不能将关键工作压缩成非关键工作，但关键工作可以被动地（即未经压缩）变成非关键工作，关键线路也可以因此而变成非关键线路。当优化过程中出现多条关键线路时，必须将各条关键线路的持续时间压缩同一数值，否则不能有效地将工期缩短。

网络计划的工期优化步骤如下：

（1）求出计算工期并找出关键线路及关键工作。

（2）按要求工期计算出工期应缩短的时间目标 ΔT：

$$\Delta T = T_c - T_r \tag{3-23}$$

式中 T_c——计算工期；

T_r——要求工期。

（3）确定各关键工作能缩短的持续时间。

（4）将应优先缩短的关键工作压缩至最短持续时间，并找出新关键线路。若此时被压缩的工作变成了非关键工作，则应将其持续时间延长，使之仍为关键工作。

（5）若计算工期仍超过要求工期，则重复以上步骤，直到满足工期要求或工期已不能再缩短为止。

需要注意：当所有关键工作的持续时间都已达到其能缩短的极限、或虽部分关键工作未达到最短持续时间但已找不到继续压缩工期的方案，而工期仍未满足要求时，应对计划的技术、组织方案进行调整（如采取技术措施、改变施工顺序、采用分段流水或平行作业等），或对要求工期重新审定。

【例3-8】 已知某网络计划如图3-35所示。图中箭线下方或右侧的括号外为正常持续时间，括号内为最短持续时间；箭线上方或左侧的括号内为优选系数，优选系数愈小愈应优先选择，若同时缩短多个关键工作，则该多个关键工作的优选系数之和（称为组合优选系数）最小者亦应优先选择。假定要求工期为15天，试对其进行工期优化。

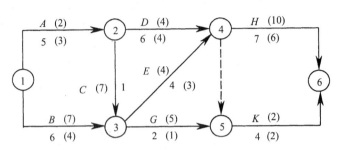

图 3-35 例 8 的网络计划

【解】

（1）用标号法求出在正常持续时间下的关键线路及计算工期。如图3-36所示，关键线路为 ADH，计算工期为18天。

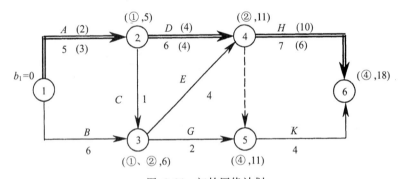

图 3-36 初始网络计划

（2）计算应缩短的时间：$\Delta T = T_c - T_r = 18 - 15 = 3$ 天

（3）选择应优先缩短的工作：各关键工作中 A 工作的优先选择系数最小。

（4）压缩工作的持续时间：将 A 工作压缩至最短持续时间3，用标号法找出新关键线路，如图3-37所示。此时关键工作 A 压缩后成了非关键工作，故须将其松弛，使之成为关键工

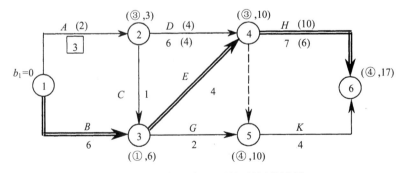

图 3-37 将 A 缩短至最短的网络计划

作，现将其松弛至 4 天，找出关键线路如图 3-38 所示，此时 A 成了关键工作。图中有二条关键线路，即 ADH 和 BEH。其计算工期 $T_c=17$ 天，应再缩短的时间为：$\Delta T_1=17-15=2$ 天。

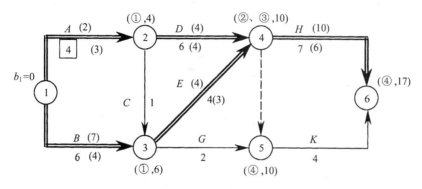

图 3-38　第一次压缩后的网络计划

（5）由于计算工期仍大于要求工期，故需继续压缩。如图 3-38 所示，有五个压缩方案：

1）压缩 A、B，组合优选系数为 $2+7=9$；

2）压缩 A、E，组合优选系数为 $2+4=6$；

3）压缩 D、E，组合优选系数为 $4+4=8$；

4）压缩 D、B，组合优选系数为 $4+7=11$；

5）压缩 H，优选系数为 10。

应压缩优选系数最小者，即压 A、E。将这两项工作都压缩至最短持续时间 3，亦即各压缩 1 天。用标号法找出关键线路，如图 3-39 所示。此时关键线路只有两条，即：ADH 和 BEH；计算工期 $T_c=16$ 天，还应缩短 $\Delta T_2=16-15=1$ 天。由于 A 和 E 已达最短持续时间，不能被压缩，可假定它们的优选系数为无穷大。

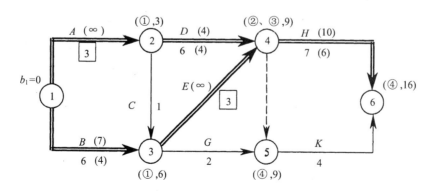

图 3-39　第二次压缩后的网络计划

（6）由于计算工期仍大于要求工期，故需继续压缩。前述的五个压缩方案中前三个方案的优选系数都已变为无穷大，现还有两个方案：

1）压缩 B、D，优选系数为 7＋4＝11；

2）压缩 H，优选系数为 10。

采取压缩 H 的方案，将 H 压缩 1 天，持续时间变为 6。得出计算工期 $T_c＝15$ 天，等于要求工期，已满足了优化目标要求。优化方案如图 3-40 所示。

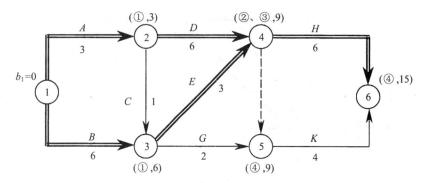

图 3-40　优化后的网络计划

上述网络计划的工期优化方法是一种技术手段，是在逻辑关系一定的情况下压缩工期的一种有效方法，但绝不是惟一的方法。事实上，在一些较大的装饰工程项目中，调整好各专业之间及各工序之间的搭接关系、组织立体交叉作业和平行作业、适当调整网络计划中的逻辑关系，对缩短工期有着更重要的意义。

二、费用优化

在一定范围内，工程的施工费用随着工期的变化而变化，在工期与费用之间存在着最优解的平衡点。费用优化就是寻求最低成本时的最优工期及其相应进度计划，或按要求工期寻求最低成本及其相应进度计划的过程。因此费用优化又叫工期—成本优化。

1．工期与成本的关系

工程的成本包括工程直接费和间接费两部分。在一定时间范围内，工程直接费随着工期的增加而减少，而间接费则随着工期的增加而增大，它们与工期的关系曲线见图 3-41。工程的总成本曲线是将不同工期的直接费和间接费叠加而成，其最低点就是费用优化所寻求的目标。该点所对应的工期，就是网络计划成本最低时的最优工期。

间接费由企业管理费、财务费和其他费用构成，它与施工单位的管理水平、施工条件、施

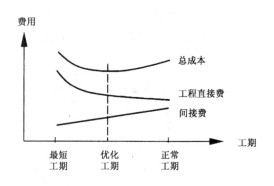

图 3-41　工期—费用关系曲线

工组织等有关。间接费与时间的关系曲线通常近似为具有一定斜率的直线。

工程直接费包括直接费、其他直接费和现场经费。如果工期缩短，必然采取加班加点和多班制突击作业，增加非熟练工人，使用高价材料和劳动力，采用高价施工方法和机械，扩大临时设施，在不利季节施工等措施。因而随着工期缩短，工程直接费较正常工期将大幅度增加。但施工中存在着一个最短的极限工期。就某一项工作而言，根据工作的性质不

同，其直接费和持续时间之间的关系通常有以下两种情况：

（1）连续型变化关系

有些工作的直接费随工作的持续时间改变而改变，呈连续性变化的直线或曲线、折线关系。当正常持续时间与最短持续时间之间的费用变化为曲线或折射时，为了简化计算，也常近似用直线代替（图 3-42），从而可方便地求出缩短单位工作持续时间所需增加的直接费，即直接费费用增加率（简称直接费率）。如工作 $i-j$ 的直接费率 a_{i-j}^{D}：

$$a_{i-j}^{\mathrm{D}}=\frac{CC_{i-j}-CN_{i-j}}{DN_{i-j}-DC_{i-j}} \qquad (3-24)$$

式中 CC_{i-j}——工作 $i-j$ 的最短持续时间直接费；
　　　CN_{i-j}——工作 $i-j$ 的正常持续时间直接费；
　　　DN_{i-j}——工作 $i-j$ 的正常持续时间；
　　　DC_{i-j}——工作 $i-j$ 的最短持续时间。

【例 3-9】 某工作的正常持续时间为 6 天，所需直接费为 2000 元，在增加人员、机具及进行加班的情况下，其最短时间 4 天，而直接费为 2400 元，则直接费率为：

$$a_{i-j}^{\mathrm{D}}=\frac{2400-2000}{6-4}=200 \text{（元/天）}$$

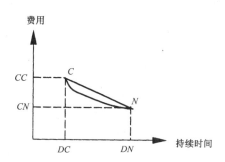

图 3-42　连续型的时间—直接费关系

（2）非连续型变化关系

有些工作的直接费与持续时间是根据不同施工方案分别估算的，所以，直接费与持续时间的关系是相对独立的若干个点或短线。介于正常持续时间与最短持续时间之间的费用关系不可能以线相连，所以不能用数学公式计算。因此工作不能逐天缩短，只能在几个方案中进行选择，如图 3-43 所示。

如某铝合金门窗工程，采用不同施工方案时，其持续时间和费用见表 3-3。

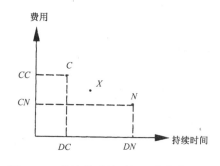

图 3-43　非连续型的时间—直接费关系

各方案的时间及费用表 表 3-3

施工方案	厂家制作整体安装	厂家制作现场组装	现场制作安装
持续时间（天）	8	15	23
直接费用（万元）	15	13	10

所以在确定施工方案时，只能根据工期及其他要求，在表中选择某一种方案。在进行优化时，也只能在这三点中单独取值计算。

2. 费用优化的方法与步骤

工期—费用优化的基本方法是，从网络计划的各工作持续时间和费用关系中，依次找出即能使计划工期缩短、又能使得其费用增加最少的工作，不断地缩短其持续时间，同时考虑间接费叠加，即可求出工程成本最低时的相应最优工期或工期指定时相应的最低工程成本。优化步骤如下：

（1）计算初始网络计划的工程总直接费和总费用

网络计划的工程总直接费等于各工作的直接费之和，用 $\sum C_{i-j}^{D}$ 表示。

当工期为 t 时，网络计划的总费用 C_t^T 为：

$$C_t^T = \sum C_{i-j}^{D} + a^{ID} \cdot t \tag{3-25}$$

式中　$\sum C_{i-j}^{D}$——计算工期为 t 的网络计划的总直接费；

　　　　a^{ID}——工程间接费率，即工期每缩短或延长一个单位时间所需减少或增加的费用。

（2）计算各项工作的直接费率。

呈连续型变化时按式 3-24 计算。

（3）找出网络计划中的关键线路并求出计算工期

可用标号法计算找出。

（4）逐步压缩工期，寻求最优方案

当只有一条关键线路时，将直接费率最小的一项工作压缩至最短持续时间，并找出关键线路。若被压缩的工作变成了非关键工作，则应将其持续时间延长，使之仍为关键工作。当有多条关键线路时，就需压缩一项或多项直接费率或组合直接费率最小的工作，并将其中正常持续时间与最短持续时间的差值最小的为幅度进行压缩，并找出关键线路。若被压缩工作变成了非关键工作，则应将其持续时间延长，使之仍为关键工作。

在压缩过程中，关键工作可以被动地（即未经压缩）变成非关键工作，关键线路也可以因此而变成非关键线路。

在确定了压缩方案以后，必须将被压缩工作的直接费率或组合直接费率值与间接费率进行比较，如等于间接费率，则已得到优化方案；如小于间接费率，则需继续按上述方法进行压缩；如大于间接费率，则在此之前的小于间接费率的方案即为优化方案。

（5）列出优化表

如表 3-4 所示。

优 化 表　　　　　　　　　　　　　　　表 3-4

缩短次数	被缩工作代号	被缩工作名称	直接费率或组合直接费率	*费率差（正或负）	缩短时间	费用变化（正或负）⑦=⑤×⑥	工　期	优化点
①	②	③	④	⑤	⑥	⑦=⑤×⑥	⑧	⑨
**费用变化合计								

注：*费率差＝直接费率或组合直接费率－间接费率，得"正"或"负"值；

　　**费用变化合计，只合计负值。

（6）绘出优化后的网络计划

绘图后，在箭线上方注明直接费，箭线下方注明优化后的持续时间。

（7）计算优化后网络计划的总费用

优化后的总费用=（初始网络计划的总费用）－（费用变化合计的绝对值）；或按3—25式计算，其结果应相同。

【例 3－10】 已知网络计划如图 3-44 所示，图中箭线下方或右侧括号外数字为正常持续时间，括号内为最短持续时间；箭线上方或左侧括号外数字为正常直接费，括号内为最短时间直接费。间接费率为 0.7 万元/天，试对其进行费用优化。

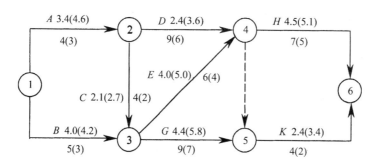

图 3-44　例 10 的网络计划

注：费用单位：万元；时间单位：天。

【解】

（1）用标号法找出网络计划中的关键线路并求出计算工期

如图 3-45 所示，关键线路为 *ACEH* 和 *ACGK*，计算工期为 21 天。

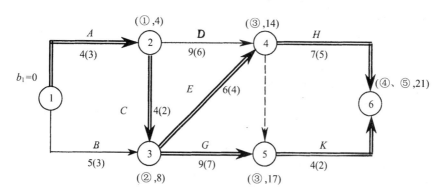

图 3-45　网络计划的工期和关键线路

（2）计算工程总直接费和总费用

工程总直接费：

$$\sum C_{i-j}^{\mathrm{D}} = 3.4 + 4.0 + 2.1 + 2.4 + 4.0 + 4.4 + 4.5 + 2.4 = 27.2 \text{（万元）}$$

工程总费用：$C_{21}^{\mathrm{T}} = \sum C_{i-j}^{\mathrm{D}} + a^{\mathrm{ID}} \cdot t = 27.2 + 0.7 \times 21 = 41.9$（万元）。

（3）计算各项工作的直接费率

$$a_{1-2}^{\mathrm{D}} = \frac{CC_{1-2} - CN_{1-2}}{DN_{1-2} - DC_{1-2}} = \frac{4.6 - 3.6}{4 - 3} = 1.2 \text{（万元/天）};$$

$$a_{1-3}^{D}=\frac{4.2-4.0}{5-3}=0.1 \text{ (万元/天）；} \qquad a_{2-3}^{D}=\frac{2.7-2.1}{4-2}=0.3 \text{ (万元/天）；}$$

$$a_{2-4}^{D}=\frac{3.6-2.4}{9-6}=0.4 \text{ (万元/天）；} \qquad a_{3-4}^{D}=\frac{5.0-4.0}{6-4}=0.5 \text{ (万元/天）；}$$

$$a_{3-5}^{D}=\frac{5.8-4.4}{9-7}=0.7 \text{ (万元/天）；} \qquad a_{4-6}^{D}=\frac{5.1-4.5}{7-5}=0.3 \text{ (万元/天）；}$$

$$a_{5-6}^{D}=\frac{3.4-2.4}{4-2}=0.5 \text{ (万元/天）。}$$

将各项工作的直接费率标于水平箭线上方或竖向箭线左侧括号内，如图 3-46 所示。

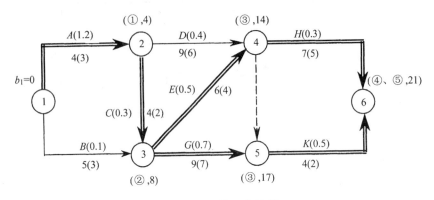

图 3-46 初始网络计划

（4）逐步压缩工期，寻求最优方案

1）进行第一次压缩

有两条关键线路 $ACEH$ 和 $ACGK$，直接费率最低的关键工作为 C，其直接费率为 0.3 万元/天（以下简写为 0.3），小于间接费率 0.7 万元/天（以下简写为 0.7）。尚不能判断是否已出现优化点，故需将其压缩。现将 C 压至最短持续时间 2，找出关键线路，如图 3-47 所示。

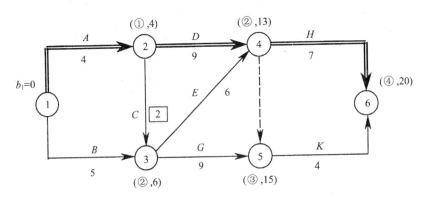

图 3-47 将 C 压至最短持续时间 2 时的网络计划

由于 C 被压缩成了非关键工作，故需将其松弛，使之仍为关键工作，且不影响已形成的关键线路 $ACEH$ 和 $ACGK$。第一次压缩后的网络计划如图 3-48 所示。

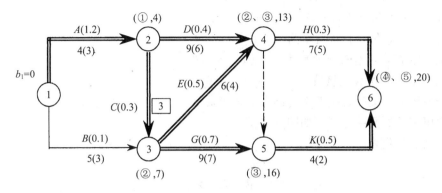

图 3-48　第一次压缩后的网络计划

2）进行第二次压缩

现已有 ADH、$ACEH$ 和 $ACGK$ 三条关键线路。共有 7 个压缩方案：

$a.$ 压 A，直接费率为 1.2；

$b.$ 压 C、D，组合直接费率为 $0.3+0.4=0.7$；

$c.$ 压 C、H，组合直接费率为 $0.3+0.3=0.6$；

$d.$ 压 D、E、G，组合直接费率为 $0.4+0.5+0.7=1.6$；

$e.$ 压 D、E、K，组合直接费率为 $0.4+0.5+0.5=1.4$；

$f.$ 压 G、H，组合直接费率为 $0.7+0.3=1.0$；

$g.$ 压 H、K，组合直接费率为 $0.3+0.5=0.8$。

决定采用诸方案中直接费率和组合直接费率最小的第 3 方案，即压 C、H，组合直接费率为 0.6，小于间接费率 0.7，尚不能判断是否已出现优化点，故应继续压缩。由于 C 只能压缩 1 天，H 随之只可压缩 1 天。压缩后，用标号法找出关键线路，此时关键线路只有 ADH 和 $ACGK$ 两条。E 未经压缩而被动地变成了非关键工作。第二次压缩后的网络计划如图 3-49 所示。

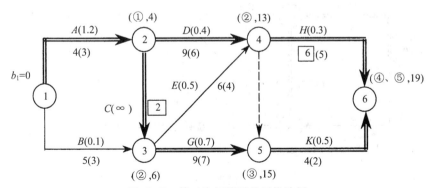

图 3-49　第二次压缩后的网络计划

3）进行第三次压缩

如图 3-49 所示，由于 C 的费率已变为无穷大，故只有 5 个压缩方案；

a. 压 A，直接费率为 1.2；

b. 压 D、G，组合直接费率为 $0.4+0.7=1.1$；

c. 压 D、K，组合直接费率为 $0.4+0.5=0.9$；

d. 压 G、H，组合直接费率为 $0.7+0.3=1.0$；

e. 压 H、K，组合直接费率为 $0.3+0.5=0.8$。

由于各压缩方案的直接费率均已大于间接费率 0.7 故已出现优化点。优化网络计划即为第二次压缩后的网络计划，如图 3-49 所示。

（5）列出优化表

见表 3-5。

<table>
<tr><td colspan="9" align="center">优 化 表　　　　　　　　　　　　　　　表 3-5</td></tr>
<tr><td>缩短次数</td><td>被缩工作代号</td><td>被缩工作名称</td><td>直接费率或组合直接费率</td><td>费率差（正或负）</td><td>缩短时间</td><td>费用变化（正或负）</td><td>工　期</td><td>优化点</td></tr>
<tr><td>①</td><td>②</td><td>③</td><td>④</td><td>⑤</td><td>⑥</td><td>⑦＝⑤×⑥</td><td>⑧</td><td>⑨</td></tr>
<tr><td>0</td><td>—</td><td>—</td><td>—</td><td>—</td><td>—</td><td>—</td><td>21</td><td></td></tr>
<tr><td>1</td><td>2—3</td><td>C</td><td>0.3</td><td>−0.4</td><td>1</td><td>−0.4</td><td>20</td><td></td></tr>
<tr><td>2</td><td>2—3
4—6</td><td>C
H</td><td>0.6</td><td>−0.1</td><td>1</td><td>−0.1</td><td>19</td><td>√</td></tr>
<tr><td>3</td><td>4—6
5—6</td><td>H
K</td><td>0.8</td><td>+0.1</td><td>—</td><td>—</td><td>—</td><td></td></tr>
<tr><td colspan="6" align="center">费用变化合计</td><td>−0.5</td><td></td><td></td></tr>
</table>

（6）绘出优化网络计划

如图 3-50 所示。图中被压缩工作压缩后的直接费确定如下：

1）工作 C 已压至最短持续时间，直接费为 2.7 万元；

2）工作 H 压缩 1 天，直接费为：$4.5+0.3\times1=4.8$（万元）

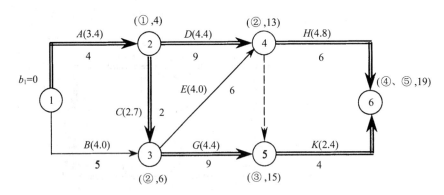

图 3-50　优化后的网络计划

（7）计算优化后的总费用

按优化表计算：$C_{19}^{T}=41.9-0.5=41.4$（万元）

按优化网络计划图计算：$C_{19}^{\mathrm{T}}=\sum C_{i-j}^{\mathrm{D}}+a^{\mathrm{ID}}\cdot t$

$$=(3.4+4.0+2.7+2.4+4.0+4.4+4.8+2.4)$$
$$+0.7\times 19$$
$$=28.1+13.3=41.4（万元）$$

两种方法算出的总费用相同。

三、资源优化

资源是为完成施工任务所需的人力、材料、机械设备和资金等的统称。完成一项工程任务所需的资源量基本上是不变的，不可能通过资源优化将其减少。资源优化是通过改变工作的开始时间，使资源按时间的分布符合优化目标。如在资源有限时如何使工期最短，当工期一定时如何使资源均衡。

资源优化宜在时标网络计划上进行，本处只介绍各项工作在优化过程中均不切分的优化方法。资源优化中的几个常用术语解释如下：

（1）资源强度

一项工作在单位时间内所需某种资源的数量。工作 $i-j$ 的资源强度用 r_{i-j} 表示。

（2）资源需用量

网络计划中各项工作在某一单位时间内所需某种资源数量之和。第 t 天资源需用量用 R_t 表示。

（3）资源限量

单位时间内可供使用的某种资源的最大数量，用 R_a 表示。

1．资源有限—工期最短的优化

该优化是通过调整计划安排，以满足资源限制条件，并使工期增加最少的过程。

（1）优化的方法：

1）若所缺资源仅为某一项工作使用，则只需根据现有资源重新计算该工作持续时间，再重新计算网络计划的时间参数，即可得到调整后的工期。如果该项工作延长的时间在其时差范围内时，则总工期不会改变；如果该项工作为关键工作，则总工期将顺延。

2）若所缺资源为同时施工的多项工作使用，则必须后移某些工作，但应使工期延长最短。调整的方法是将该处的一些工作移到另一些工作之后，以减少该处的资源需用量。如该处有两个工作 $m-n$ 和 $i-j$，则有 $i-j$ 移到 $m-n$ 之后或 $m-n$ 移到 $i-j$ 之后两个调整方案。如图 3-51 所示。

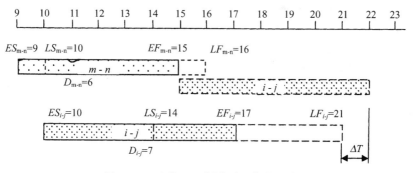

图 3-51 工作 $i-j$ 调整对工期的影响

将 $i-j$ 移至 $m-n$ 之后时，工期延长值：

$$\Delta T_{m-n,i-j}=EF_{m-n}+D_{i-j}-LF_{i-j}$$
$$=EF_{m-n}-(LF_{i-j}-D_{i-j})$$
$$=EF_{m-n}-LS_{i-j} \qquad (3-26)$$
$$或 \ \Delta T_{m-n,i-j}=EF_{m-n}-(ES_{i-j}+TF_{i-j}) \qquad (3-27)$$

当工期延长值 $\Delta T_{m-n,i-j}$ 为负值或 0 时，对工期无影响；为正值时，工期将延长。故应取 ΔT 最小的调整方案。即要将 LS 值最大的工作排在 EF 值最小的工作之后。如本例中：

方案 1：将 $i-j$ 排在 $m-n$ 之后，则 $\Delta T_{m-n,i-j}=EF_{m-n}-LF_{i-j}=15-14=1$（天）；

方案 2：将 $m-n$ 排在 $i-j$ 之后，则 $\Delta T_{i-j,m-n}=EF_{i-j}-LF_{m-n}=17-10=7$（天）。应选方案 1。

当 $\min\{EF\}$ 和 $\max\{LF\}$ 属于同一工作时，则应找出 EF_{m-n} 的次小值及 LF_{i-j} 的次大值代替，而组成两种方案，即：

$$\Delta T_{m-n,i-j}=（次小 \ EF_{m-n}）-\max\{LF_{i-j}\};$$
$$\Delta T_{m-n,i-j}=\min\{EF_{m-n}\}-（次大 \ LF_{i-j}），取小者的调整顺序。$$

（2）优化步骤

1）检查资源需要量

从网络计划开始的第 1 天起，从左至右计算资源需用量 R_t，并检查其是否超过资源限量 R_a。如果整个网络计划都满足 $R_t<R_a$，则该网络计划就已经达到优化要求；如果发现 $R_t>R_a$，就应停止检查而进行调整。

2）计算和调整

先找出发生资源冲突时段的所有工作，再按式（3—26）或式（3—27）计算 $\Delta T_{m-n,i-j}$，确定调整的方案并进行调整。

3）重复以上步骤，直至出现优化方案为止。

【例 3—11】 已知网络计划如图 3-52 所示。图中箭线上方为资源强度，箭线下方为持续时间，若资源限量 $R_a=12$，试对其进行资源有限—工期最短的优化。

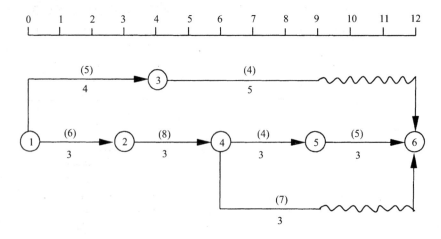

图 3-52 某工程网络计划

【解】

（1）计算资源需量

如图 3-53 所示。至第 4 天，$R_4 = 13 > R_a = 12$，故需进行调整。

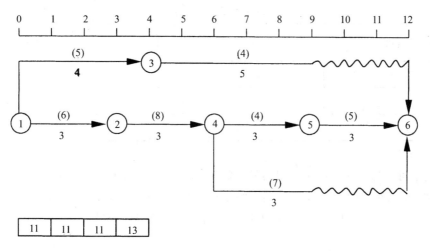

图 3-53　计算资源需要量，直至多于资源限量时停止

（2）选择方案与调整：冲突时段的工作有 1—3 和 2—4，调整方案为：

方案一：1—3 移至 2—4 之后，$EF_{2-4} = 6$，$ES_{1-3} = 0$，$TF_{1-3} = 3$，由式（3—27）得：

$$\Delta T_{2-4,1-3} = 6 - (0 + 3) = 3；$$

方案二：2—4 移至 1—3 之后，$EF_{1-3} = 4$，$ES_{2-4} = 3$，$TF_{2-4} = 0$，由式（3—27）得：

$$\Delta T_{1-3,2-4} = 4 - (3 + 0) = 1；$$

决定先考虑工期增量较小的第二方案，绘出其网络计划如图 3-54 所示。

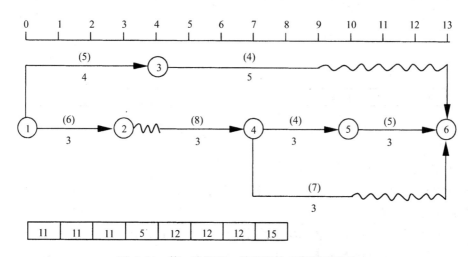

图 3-54　第一次调整，并继续检查资源需要量

（3）计算资源需要量

如图 3-54，计算至第 8 天，$R_8 = 15 > R_a = 12$，故需进行第二次调整。

（4）进行第二次调整

发生资源冲突时段的工作有 3−6、4−5 和 4−6 三项。计算调整所需参数，见表3-6。

冲突时段工作参数表　　　　　　　　　　　　　　表 3-6

工　作　代　号	最早完成时间 EF_{i-j}	最迟开始时间 $LS_{i-j}=ES_{i-j}+TF_{i-j}$
3−6	9	8
4−5	10	7
4−6	11	10

从表中可看出，最早完成时间的最小值为9，属 3−6 工作；最迟开始时间的最大值为10，属 4−6 工作。因此，最佳方案是将 4−6 移至 3−6 之后，其工期增量将最小，即：$\Delta T_{3-6,4-6}=9-10=-1$。工期增量为负值，意味着工期不会增加。调整后的网络计划见图 3-55。

（5）再次计算资源需要量

如图 3-55 所示，自始至终资源的需要量均小于资源限量，已达到优化要求。

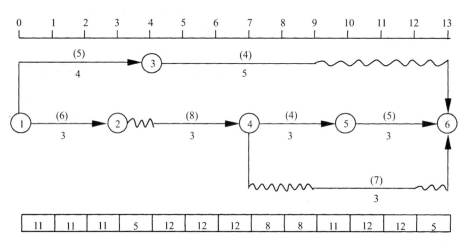

图 3-55　经第二次调整得到优化网络计划

2. 工期固定—资源均衡的优化

工期固定—资源均衡的优化是通过调整计划安排，在工期不变的条件下，使资源需要量尽可能均衡的过程。

资源均衡可以有效地减少施工现场各种临时设施（如加工棚场、材料堆场、仓库、临时道路、临时供水供电设施等生产性设施和办公房屋、临时住房、食堂等行政管理和生活设施）的规模，从而可以节省施工费用。

（1）衡量资源均衡的指标

衡量资源需要量的均衡程度常用三种指标，即不均衡系数、极差和均方差。

1）不均衡系数 K：

不均衡系数是最大资源需要量与平均需要量之比值。即

$$K = \frac{R_{max}}{R_m} \tag{3-28}$$

式中　R_{max}——资源的最大需要量；

　　　R_m——平均每日的资源需要量；

$$R_m = \frac{1}{T}(R_1 + R_2 + R_3 + \cdots\cdots + R_T) = \frac{1}{T}\sum_{t=1}^{T} R_t \tag{3-29}$$

　　　T——计划工期；

　　　R_t——在第 t 天的资源需要量。

不均衡系数愈接近1，说明资源需要量的均衡性愈好。

2）极差值 ΔR：

极差值是指单位时间资源需要量与平均需要量之差的最大绝对值，即

$$\Delta R = \max[|R_t - R_m|] \tag{3-30}$$

极差值愈小，资源需要量均衡性愈好。

3）均方差值 σ^2：

均方差值是指每天计划需要量与每天平均需要量之差的平方和的平均值，即

$$\sigma^2 = \frac{1}{T}\sum_{t=1}^{T}[R_t - R_m]^2 \tag{3-31}$$

为使计算简便，将上式展开并作如下变换：

$$\sigma^2 = \frac{1}{T}\sum_{t=1}^{T}[R_t^2 - 2R_t R_m + R_m^2] = \frac{1}{T}\sum_{t=1}^{T} R_t^2 - 2\frac{1}{T}\sum_{t=1}^{T} R_t R_m + R_m^2$$

将（3-29）式$\left(\text{即} \frac{1}{T}\sum_{t=1}^{T} R_t = R_m\right)$代入，得：

$$\sigma^2 = \frac{1}{T}\sum_{t=1}^{T} R_t^2 - R_m^2 \tag{3-32}$$

上式中 T 与 R_m 为常数，因此，只要 R_t^2 最小就可使得均方差值 σ^2 最小。

为了明确上述三种资源均衡指标的计算，举例如下：

某网络计划如图 3-56 所示。箭线上方数字为该工作每日资源需要量，箭线下数字为持续时间。

未调整时的资源需要量指标为：

a. 不均衡系数 K：

$$K = \frac{R_{max}}{R_m} = \frac{R_4}{R_m} = \frac{21}{13.36} = 1.57$$

式中 $R_m = \frac{1}{14}[16\times3 + 21\times1 + 20\times2 + 10\times1 + 15\times3 + 8\times1 + 5\times3] = \frac{1}{14}\times187 = 13.36$

b. 极差值 ΔR：

$\Delta R = \max\{|R(t) - R_m|\} = \max\{|R_4 - R_m|, |R_{12} - R_m|\}$

$\quad = \max\{|21 - 13.36|, |5 - 13.36|\} = \max\{|7.64|, |-8.36|\}$

$\quad = 8.36$

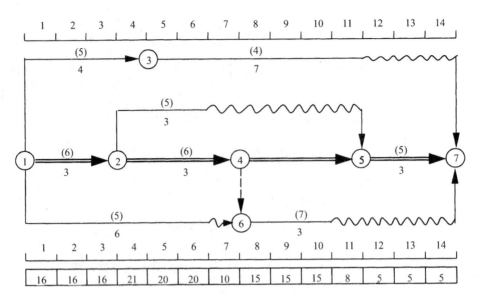

图 3-56　某工程初始网络计划

$c.$ 均方差值 σ^2：

$$\sigma^2 = \frac{1}{14}[16^2 \times 3 + 21^2 \times 1 + 20^2 \times 2 + 10^2 \times 1 + 15^2 \times 3 + 8^2 \times 1 + 5^2 \times 3] - 13.36^2$$

$$= \frac{1}{14}[256 \times 3 + 441 \times 1 + 400 \times 2 + 100 \times 1 + 225 \times 3 + 64 \times 1 + 25 \times 3] - 13.36^2$$

$$= \frac{1}{14} \times 2923 - 178.49 = 30.30$$

（2）优化的步骤与方法

1）按最早时间绘出符合工期要求的时标网络计划，找出关键线路，求出各非关键工作的总时差，逐日计算出资源需要量或绘出资源需要量动态曲线。

2）优化调整的顺序

由于工期已定，只能调整非关键工作。其顺序为：自终点节点开始，逆箭线逐个进行。对完成节点为同一个节点的工作，须先调整开始时间较迟者。

在所有工作都按上述顺序进行了一次调整之后，再按该顺序逐次进行调整，直至所有工作既不能向右移也不能向左移为止。

3）工作可移性的判断

由于工期已定，故关键工作不能移动。非关键工作能否移动，主要看是否能削峰填谷或降低均方差值。判断方法如下：

$a.$ 若将工作向右移动一天，则在移动后该工作完成的那一天的资源需要量应等于或小于右移前工作开始那一天的资源需要量。也就是说不得出现削了高峰后，又填出新的高峰。若用 $k-l$ 表示被移工作，i、j 分别表示工作移动前开始和完成的那一天，则应满足下式要求：

$$R_{j+1} + r_{k-l} \leqslant R_i \tag{3-33}$$

若将工作向左移动一天，则在左移后该工作开始那一天的资源需要量应等于或小于左移前工作完成那一天的资源需要量，否则也会产生削峰又填谷成峰的问题。即应符合下式要求：

$$R_{i-1} + r_{k-l} \leqslant R_j \tag{3-34}$$

b. 若将工作右移一天或左移一天不能满足上述要求，则要看右移或左移数天后能否减小 σ^2 值，用 3－32 式进行判断。如果移动后能够减小 σ^2 值则应继续移动。由于 3－32 式中的 T 与 R_m 不变，因此，只要 R_t^2 最小就可使得均方差值 σ^2 最小；又因未移动部分的 R_t 不变，所以只需比较受移动影响部分的 R_t 值是否比移动前减小。即移动需满足如下条件：

向右移动时：

$$[(R_i-r_{k-1})^2+(R_{i+1}-r_{k-1})^2+(R_{i+2}-r_{k-1})^2+\cdots+(R_{j+1}+r_{k-1})^2+(R_{j+2}+r_{k-1})^2$$
$$+(R_{j+3}+r_{k-1})^2+\cdots]\leqslant[R_i^2+R_{i+1}^2+R_{i+2}^2+\cdots+R_{j+1}^2+R_{j+2}^2+R_{j+3}^2+\cdots] \tag{3-35}$$

向左移动时：

$$[(R_j-r_{k-1})^2+(R_{j-1}-r_{k-1})^2+(R_{j-2}-r_{k-1})^2+\cdots+(R_{i-1}+r_{k-1})^2+(R_{i-2}+r_{k-1})^2$$
$$+(R_{i-3}+r_{k-1})^2+\cdots]\leqslant[R_j^2+R_{j-1}^2+R_{j-2}^2+\cdots+R_{i-1}^2+R_{i-2}^2+R_{i-3}^2+\cdots] \tag{3-36}$$

【例 3－12】 已知网络计划如图 3-56 所示。试对其进行工期固定—资源均衡的优化。

【解】

（1）向右移动工作 6－7，按 3－32 式判断如下：

$R_{11}+r_{6-7}=8+7=15 \quad = \quad R_8=15 \qquad\qquad$ （可右移 1 天）

$R_{12}+r_{6-7}=5+7=12 \quad < \quad R_9=15 \qquad\qquad$ （可再右移 1 天）

$R_{13}+r_{6-7}=5+7=12 \quad < \quad R_{10}=15 \qquad\quad\;$ （可再右移 1 天）

$R_{14}+r_{6-7}=5+7=12 \quad < \quad R_{11}=8 \qquad\qquad$ （可再右移 1 天）

至此工作 6－7 已移到网络计划的最后，不能再移。移动后资源需要量变化情况见表 3-7。

移动工作 6－7 后的资源调整表 表 3-7

时　间	1	2	3	4	5	6	7	8	9	10	11	12	13	14
原资源量	16	16	16	21	20	20	10	15	15	15	8	5	5	5
调 整 量								－7	－7	－7		+7	+7	+7
现资源量	16	16	16	21	20	20	10	8	8	8	8	12	12	12

（2）向右移动 3－7：

$R_{12}+r_{3-7}=12+4=16 \quad < \quad R_5=20 \qquad\qquad$ （可右移 1 天）

$R_{13}+r_{3-7}=12+4=16 \quad < \quad R_6=20 \qquad\qquad$ （可再右移 1 天）

从表 3-7 可明显看出，工作 3－7 已不能再向右移动。此时资源需要量变化情况见表 3-8。

移动工作 3－7 后的资源调整表 表 3-8

时　间	1	2	3	4	5	6	7	8	9	10	11	12	13	14
原资源量	16	16	16	21	20	20	10	8	8	8	8	12	12	12
调 整 量					－4	－4						+4	+4	
现资源量	16	16	16	21	16	16	10	8	8	8	8	16	16	12

向右移动 2—5：

$$R_7+r_{2-5}=10+5=15 \quad < \quad R_4=21 \qquad （可右移 1 天）$$
$$R_8+r_{2-5}=8+5=13 \quad < \quad R_5=16 \qquad （可再右移 1 天）$$
$$R_9+r_{2-5}=8+5=13 \quad < \quad R_6=16 \qquad （可再右移 1 天）$$

此时，已将 2—5 移至其原有位置之后，能否再移动需待列出调整表后进行判断，见表 3-9。

移动工作 2—5 后的资源调整表　　　　　　表 3-9

时　间	1	2	3	4	5	6	7	8	9	10	11	12	13	14
原资源量	16	16	16	21	16	16	10	8	8	8	8	16	16	12
调整量				−5	−5	−5	+5	+5	+5					
现资源量	16	16	16	16	11	11	15	13	13	8	8	16	16	12

从表 3-9 可看出，工作 2—5 还可向右移动，即

$$R_{10}+r_{2-5}=8+5=13 \quad < \quad R_7=15 \qquad （可右移 1 天）$$
$$R_{11}+r_{2-5}=8+5=13 \quad = \quad R_8=13 \qquad （可再右移 1 天）$$

从图中可以看出，工作 2—5 已无时差，不能再向右移动。此时资源需要量变化情况见表 3-10。

再移动工作 2—5 后的资源调整表　　　　　　表 3-10

时　间	1	2	3	4	5	6	7	8	9	10	11	12	13	14
原资源量	16	16	16	16	11	11	15	13	13	8	8	16	16	12
调整量							−5	−5		+5	+5			
现资源量	16	16	16	16	11	11	10	8	13	13	13	16	16	12

为了明确看出其他工作能否右移，绘出经以上调整后的网络计划，如图 3-57 所示。

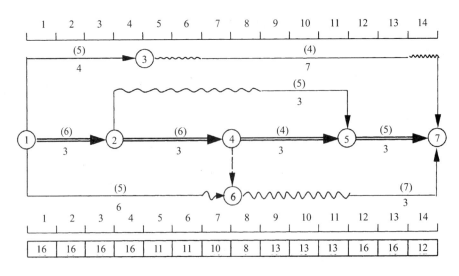

图 3-57 右移 6—7、3—7、2—5 后的网络计划

（3）向右移动 1—6：

$$R_7+r_{1-6}=10+5=15 \quad < \quad R_1=16 \qquad \text{（可右移 1 天）}$$
$$R_8+r_{1-6}=8+5=13 \quad < \quad R_2=16 \qquad \text{（可再右移 1 天）}$$

从图 3-57 可看出，工作 1—6 已不能再向右移动。此时资源需要量变化情况见表 3-11。

移动工作 1—6 后的资源调整表　表 3-11

时　间	1	2	3	4	5	6	7	8	9	10	11	12	13	14
原资源量	16	16	16	16	11	11	10	8	13	13	13	16	16	12
调 整 量	−5	−5					+5	+5						
现资源量	11	11	16	16	11	11	15	13	13	13	13	16	16	12

（4）可明显看出，工作 1—3 不能向右移动。

至此，第一次向右移动已经完成，其网络计划如图 3-58 所示。

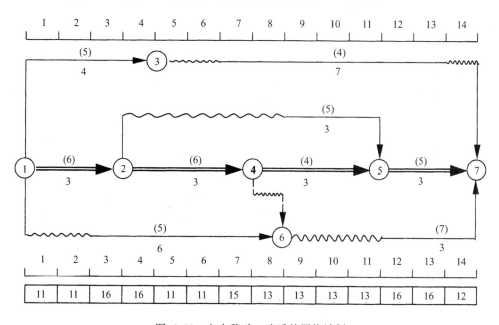

图 3-58　向右移动一遍后的网络计划

（5）由图 3-58 可看出，工作 3—7 可以向左移动，故进行第二次移动，按式（3—33）判断如下：

$$R_6+r_{3-7}=11+4=15 \quad < \quad R_{13}=16 \qquad \text{（可左移 1 天）}$$
$$R_5+r_{3-7}=11+4=15 \quad < \quad R_{12}=16 \qquad \text{（可再左移 1 天）}$$

至此，工作 3—7 已移动最早开始时间，不能再移动。

其他工作向左移或向右移均不能满足式（3—32）或式（3—33）的要求。至此已完成该网络计划的优化。优化后的网络计划见图 3-59。

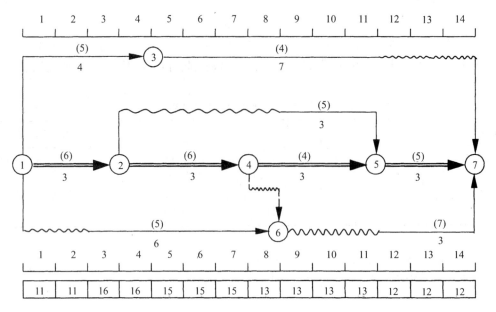

图 3-59　优化后的网络计划

（6）计算优化后的各项资源均衡指标为：

1）不均衡系数：

$$K=\frac{R_{\max}}{R_{\mathrm{m}}}=\frac{R_4}{R_{\mathrm{m}}}=\frac{16}{13.36}=1.20$$

2）极差值

$$\triangle R=\max\{|R(t)-R_{\mathrm{m}}|\}=\max\{|R_4-R_{\mathrm{m}}|,|R_{12}-R_{\mathrm{m}}|\}$$
$$=\max\{|16-13.36|,|11-13.36|\}=\max\{|2.64|,|-2.36|\}$$
$$=2.36$$

3）均方差值

$$\sigma^2=\frac{1}{14}[11^2\times2+16^2\times2+15^2\times3+13^2\times4+12^2\times3]-13.36^2$$
$$=\frac{1}{14}[121\times2+256\times2+225\times3+169\times4+144\times3]-13.36^2$$
$$=\frac{1}{14}\times2537-178.49=2.72$$

（7）与初始网络计划比较，各项资源均衡指标降低百分率为：

1）不均衡系数降低百分率为：

$$\frac{1.57-1.20}{1.57}\times100\%=23.57\%$$

2）极差值降低百分率为：

$$\frac{8.36-2.36}{8.36}\times100\%=71.77\%$$

3）均方差值降低百分率为：

$$\frac{30.30-2.72}{30.30}\times100\%=91.02\%$$

可见，经优化调整后，各项资源均衡指标均有不同程度的好转，特别是后两项指标有了较大幅度的降低。

第六节　网络计划的编制与应用

按照编制对象和使用要求，网络计划可以分为群体工程网络计划、单体工程网络计划和局部工程网络计划。

一、群体工程网络计划

（一）群体工程的特点

（1）工程项目多，便于组织分区的多栋号、多项目的大流水施工；

（2）整体性强。彼此之间有紧密的联系。必须协调施工，同步配合，以保证同时交工、及时顺利投入使用，发挥投资效益。

（3）施工周期长。必须要分期分批地按系统、分阶段进行统筹安排，以便集中使用力量，并控制整个工程的进行，使每期、每阶段完工的工程能互相配套，尽早投产使用，发挥效益。

（4）施工单位多，专业配合复杂。在组织施工时，要求综合统筹，充分发挥计划的协调作用。

群体工程虽然规模大，牵涉面广，相互间的关系错综复杂，但只要进行统筹安排，就能理出头绪，从项目繁多、错综复杂的关系中找出关键项目和关键线路，利用网络计划所提供的各种有用信息，加强施工管理，取得最大的经济效益。

（二）群体工程施工网络计划的编制原则

1. 从整体观点出发

群体工程网络计划应适应工程项目多，整体性强，施工周期长和施工单位多的主要特点。编制计划必须从整体观点出发，把它看成是一个整体，进行全面分析，统一筹划安排，即使在局部有所损失也应服从总体需要，使群体最优。

2. 从系统的观点出发

在群体建筑装饰施工中，由于项目繁多，从整体到局部协作配合单位多，牵扯的范围广泛，在施工过程中情况也经常变化，组织与管理工作十分复杂，如果不进行系统的科学管理，不进行全面的统筹安排，或虽编制了局部的施工网络计划而无整体规划，尽管在局部上可能取得缩短工期的效果，但要想取得总体的综合经济效果却是很难的。因此，群体施工网络计划，必须从总体规划出发，采取大统筹与小统筹相结合，也就是建设项目的总体网络计划与各局部的单体网络计划相结合。总体网络计划主要起控制作用，控制构成总体的各个局部项目的施工期。总体网络计划是指导全局的，主要供建设项目指挥机构及有关职能部门掌握、使用。单体工程网络计划应在总体网络计划的要求下进行具体的分项安排，以保证总体网络计划的实现。对规模较大、构造复杂的重要分部分项工程可按工序安排。必要时还应安排出图纸供应和设备材料供应的网络计划。

3. 组织大流水施工

施工中应尽量划分施工区与流水区，组成施工区间的大流水，使整体上达到连续和均衡。对施工区内的多栋号应组织同类型栋号进行相互流水，栋号本身组织分层分段的专业工种的流水施工。

4.进行分级编制

群体工程网络计划的编制，不同于单体工程施工网络计划，应适应工程规模及施工管理体制等特点，采用分级网络计划的编制方法。网络计划的分级主要是为了计划和管理上的方便。分级的级数划分，应视工程规模、工期长短、难易程度和组织管理体制等条件而定，一般较多的是划分为三级，也可视需要划分到四级甚至五级。

（三）群体工程施工网络计划的编制程序与方法

1.编制程序

（1）调查研究

调查研究是编制网络计划的第一步，是一项必不可少的重要工作，其目的是，了解和分析单体工程的构成与特点及施工时的客观条件等，掌握编制网络计划的必要资料，并对计划执行中可能发生的问题做出预测，保证计划的编制质量和执行后取得好的技术经济效果。

调查研究的内容包括：工程的施工图，施工机械设备、材料、构件等物质资源的供应，交通运输条件，人力供应，技术力量，组织水平，水文、地质条件，季节、气候等自然条件，场地情况，水、电源及可能的供应量等等。凡编制和执行计划所涉及的情况和原始资料都在调查之列。对调查所得的资料和单体工程本身的内部联系还必须进行综合的分析与研究，掌握其间的相互关系与联系，了解其发展变化的规律性。因此，调查研究是一项比较复杂的工作，要求调查人员具有一定的施工经验与技术、组织水平。

（2）进行施工部署

施工部署的主要内容包括：

1）进行组织分工。包括明确机构体制，建立指挥系统，规划施工队伍的规模和专业化组织，划分各施工单位的任务，对施工任务划分区段，明确主攻项目和穿插施工的项目，从总体上规划建设期限及施工程序。

2）确定重点单位工程的施工方案及拟采用的新机构、新技术、新设备、新材料和新方法。

3）确定主要工种工程的施工方法。

4）进行施工准备和"三通一平"规划。

（3）对工程进行系统分析，确定计划的分级及各级计划的施工项目（箭线所代表的施工内容）。

（4）确定各级网络计划施工项目的持续时间。应主要采用经验估计法，而不是定额计算法。

（5）编制各级网络计划初始方案。

（6）计算时间参数并确定关键线路。

（7）进行工期、资源优化。

（8）编制各级施工网络计划。

2.编制方法

群体工程的施工网络计划主要采用"分级编制"的方法，由粗到细，逐级进行编制。这实际上是一种利用系统分析原理化整为零的编制方法。编制的要点如下。

（1）在划分施工区段和进行系统分析的基础上，首先编制总体施工网络计划（一级网络计划）。总体施工网络计划规划群体工程的总工期，这个总工期受要求工期和合同工期的制约。网络计划的"工作"单元可为单位工程或分部工程（视工程的规模而定），要使计划明确表示出系统性、区域性、可控性，箭线不宜过多。

（2）在编制完成一级网络计划以后，编制二级网络计划。一个一级网络计划可以编制成多个二级网络计划，二级网络计划的总工期则受控于一级网络计划。其工作单元可以是分部工程，也可以是分项工程（视二级网络计划的规模而定）。二级网络计划可以是一级网络计划中的重点或复杂的单体工程，也可以是出现较多的单体工程。可以是一级网络计划中的一项"工作"，也可以是若干项工作（如一个系统）的细化。

（3）二级网络计划编制完成后，还可以视情况，根据需要编制更具体的三级网络计划，乃至四级、五级网络计划，其应注意的事项与二级网络计划相同。

（四）群体工程施工网络计划实例

某装修装饰工程项目包括展销厅、序厅和写字楼，其施工网络计划参见图4-3所示。

二、单体工程施工网络计划

（一）概念与作用

单体工程施工网络计划，是以单体工程为对象而编制的，能够在从开工到竣工的整个施工过程中指导施工的网络计划。

单体工程施工网络计划的应用是非常普遍的。凡应用网络计划组织施工的工程，都必须编制单体工程施工网络计划。有时我们可能要编制分部工程的施工网络计划，但它是在单体工程施工网络计划的控制下，作为单体工程整体的一个组成部分而存在的。

小的单体工程网络计划，即可作为一个具体指导施工的网络计划；较大的单体工程，往往先编制带控制性的网络计划，并在它的控制下编制单位工程或分部的工程网络计划以具体指导施工。无论在哪种情况下，单体工程网络计划都必须具有作业性。不能仅编制纯控制性的单体工程施工网络计划，而使施工缺乏具体指导。所谓作业性即是要求能够用以指导施工队组进行作业，在组织关系和工艺关系上都要有明确的反映。所以单体工程施工网络计划又是一种作业性的网络计划。

单体工程施工网络计划应作为单体工程施工组织设计的一个组成部分，离开施工组织设计去编制单体工程网络计划将使计划缺乏根据而失去指导施工的作用。当然，单体工程网络计划也可以对施工方案、施工总平面图设计、资源计划的编制起反馈作用，能为设计提供必要的信息。因此，在编制施工组织设计时很好地利用网络计划，是改进组织设计，提高施工组织设计水平的一个重要途径。

（二）单体工程施工网络计划的两种逻辑关系

网络计划的逻辑关系，即是网络计划中所表示的各工作在进行施工时客观上存在的先后顺序关系。这种关系可归纳为两大类：一类是工艺关系；另一类是组织关系。因此，我们在编制网络计划时，只要把握住这两种逻辑关系，在网络计划上予以恰当的表达，就可以编制出正确实用的网络计划。

1. 工艺关系

工艺关系，是由施工工艺所决定的各工作之间的先后顺序关系。这种关系，是受客观规律支配的，一般是不可改变的。如果违背这种关系，将不可能进行施工，或会造成质量、安全事故，导致返工和浪费。

从工艺关系的角度讲，有时会发生技术间歇，如干燥、养护等，它们也要占用时间，实际上也是施工过程中必不可少的一项"工作"，在网络图中必须表达清楚。否则，按照习惯看似乎没有问题，但是在逻辑关系上则是错误的，用以指导施工会导致失误。在这一点，网络计划与横道图计划有着重大区别。

工艺关系虽是客观的，但也是有条件的，条件不同，工艺关系也不会一样，所以，不能将一种工艺关系套在工程性质、施工方法不相同的另一种工程上。

2. 组织关系

组织关系，是在施工过程中，由于劳动力、机械、材料和构件等资源的组织与安排需要而形成的各工作之间的先后顺序关系。这种关系不是由工程本身决定的，而是人为的。组织方式不同，组织关系也不同，所以它不是一成不变的。但是，不同的组织安排往往产生不同的经济效果。在单体工程的网络计划中必须表示出主要工种的流水施工或转移顺序。

综上所述，一个单体工程的两种逻辑关系虽同时出现，但性质完全不同，可以分别进行安排。于是就出现了工艺网络和组织网络。将两种网络合并在一起才可以构成单体工程的施工网络计划。

需要指出的是，在单代号网络计划中可以用箭线很明确地表示出两种逻辑关系，而在双代号网络计划中前面工作两种联系的表达就显得比较复杂。

正确理解单体工程网络计划的这两种逻辑关系有以下好处：

（1）在编制网络计划前，可以将各工作之间的关系全部分析清楚而明确相互之间的逻辑关系。

（2）编制网络计划图可以按照已确定的逻辑关系将全部工作表达清楚，不致发生遗漏或混乱。

（3）当情况发生变化而须对网络计划进行调整时，一般变化了的是组织关系，而工艺关系一般不会变动，因而只要调整组织关系就可以了。如果施工方案或工艺关系或工程本身发生了重大变化，此时对网络计划就不能只作简单调整，而是要重新进行编制了。

（三）单体工程施工网络计划的编制程序

编制单体工程施工网络计划，有它自身的规律，编制程序来自工程管理过程的客观要求。按合理的程序编制网络计划，就可以不走或少走弯路，又能保证计划的质量。

1. 调查研究

调查研究的目的、内容和要求与群体网络计划基本相同，不再赘述。

2. 确定施工方案

施工方案决定该工程施工的顺序、施工方法、资源供应方式、主要指标控制量等基本要求，是编制网络计划的基础。

编制单体工程的施工方案应考虑编制网络计划的基本要求，这些要求是：在工艺上符合技术要求，符合目前的技术水平和工作习惯，质量能够保证；在组织上切合实际情况，有利于提高施工效率、缩短工期和降低成本。

3. 划分施工过程

施工过程是网络计划的基本组成单元。工作内容的多少，划分的粗细程度，应该根据计划的需要来决定。在单体工程网络计划中，工作应明确到分项工程或更具体，以满足施工作业的要求。

通常在划分施工过程时，应顺序列成表格，编制序号，查对是否遗漏或重复，以便分析其逻辑关系。顺序的安排一般可按施工的先后来定。

4. 编制网络图

根据施工方案、施工过程划分和工作之间逻辑关系的分析，就可以编制网络图。编制单体工程网络图的目的在于构造一个网络计划图模型，供计算和调整使用，以便最终编制出正式的网络计划。

编制网络图是一项工作量大、费时多的工作，需要反复研究，才能较好地完成。

编制单体工程网程图可以先按分部工程分别编制，然后将各分部工程的网络计划连接起来。对于多层或高层建筑也可以先编出标准区或标准层的网络图，然后再把它们连接起来。编制网络图，要求编制人员对工程对象非常熟悉，掌握网络图的画法。将整个工程用网络图正确地表达出来，填上各工序的持续时间，则完整的网络计划初始方案就形成了。

5. 确定工作的持续时间

工作的持续时间是一项工作从施工开始到完成所需的作业时间。它是对网络计划进行计算的基础。

工作持续时间最好是按正常情况确定，它的费用一般是最低的。待编出初始计划并经过计算再结合实际情况作必要的调整，这是避免盲目抢工造成浪费的有效办法。当然，按照实际施工条件来估算工作的持续时间是较为简便的办法，现在一般也多采用这种办法，具体计算法有"定额计算法"、"工期计算法"、"经验估计法"等几种。

6. 计算各项时间参数并求出关键线路

网络计划的时间参数一般包括工作的最早和最迟开始时间，总工期，总时差，自由时差等。关键线路则必须标明在图上，以利分析与应用。

计算时间参数的目的，是从时间安排的角度去考察网络计划的初始方案是否合乎要求，以便对网络计划进行调整。

7. 对计划进行审查与调整

对网络计划的初始方案进行审查，是要确定它是否符合工期要求与资源限制条件。

首先要分析网络计划的总工期是否超过规定的要求，如果超过，就要调整关键工作的持续时间，使总工期符合要求。其次要对资源需要量进行审查，检查劳动力和物资的供应是否能够满足计划的要求，如不符合要求，就要进行调整，以使计划切实可行。

8. 正式绘制可行的单体工程施工网络计划

网络计划初始方案通过调整，就成为一个可行的计划，可以把它绘制成正式的网络计划，这样的网络计划还不是最优的网络计划。要得到一个令人满意的网络计划，还必须进行优化。

随着时代的进步，计算机及项目计划管理软件得到了迅速发展，利用计算机进行网络计划的编制和施工进度的控制管理的优越性更加明显。因此在编制施工网络计划时，最好使用工程项目计划管理应用程序软件，利用计算机进行编制。不但可大大加快编制速度、提高计划图表的表现效果，还能使计划的优化得以实现，更有利于在计划的执行过程中进行控制与调整，以实现计划的动态管理。

（四）某酒店客房装饰装修施工网络计划实例

某酒店客房装饰装修工程，每个标准区分三段施工，其施工条件、劳动力配备、木工分组和流水施工安排情况见第二章第四节例 2-2 及图 2-15。其网络计划见图 3-60。

复 习 题

3-1 什么是网络图，什么是网络计划？

3-2 工作和虚工作有什么区别？

3-3 什么是关键工作和关键线路？

3-4 网络计划的时间参数有哪些？各有何意义？

3-5 网络计划的优化包括哪几个方面？

3-6 当网络计划的计算工期超过规定工期时，应压缩哪些工作？

3-7 怎样计算"资源有限—工期最短"优化中的工期增量？

3-8 在费用优化时，如何判断是否已经得到优化方案？

3-9 根据如下逻辑关系绘制网络图，并进行节点编号。

（1）A 在 C 前完，B 在 D 前完，E 完才做 A 和 B，C 和 D 完才能做 F。

（2）A 和 B 同时开始，B 完做 C 和 F，D 和 E 在 A 完之后做，E 在 C 完之后做，F 完后做 G，H 在 E 和 G 均完之后做，H 和 D 同时结束。

3-10 找出如下网络图中的错误，并写出错误的部位及名称。

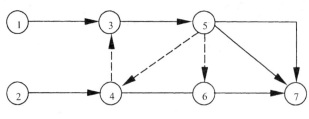

图 3-61 题 3-10

3-11 用图上计算法计算如下网络图的各时间参数，并求出工期，找出关键线路。

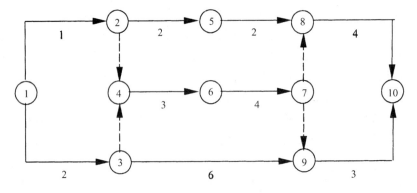

图 3-62 题 3-11

3-12 根据下表给出的条件，绘制一个双代号网络图。并用标号法求出工期、找出关键线路。

工作代号	延续时间	紧后工作	工作代号	延续时间	紧后工作
A	3	C、D	F	2	H
B	4	D、E	G	4	H、J
C	2	F	H	4	无
D	3	G	J	3	无
E	6	J			

3-13 装饰装修工程分三段流水施工，其施工过程及节拍为：内墙抹灰——5 天，安装塑窗——2 天，室内木装修——6 天，内墙涂料——3 天，铺木地板——3 天，油漆——4 天。试绘制双代号网络图并编制其时标网络计划。

第四章　装饰装修工程施工组织总设计

第一节　概　　述

装饰装修工程施工组织总设计，是在整个建设项目施工组织总设计的指导下，以整个建设项目或若干个单体建筑物的装饰装修工程为编制对象，对整个装饰装修工程阶段进行全盘规划。它是指导装饰装修阶段全场性的施工准备工作和组织全局性施工的综合性技术经济文件，一般是由装饰装修总承包单位或大型项目经理部的总工程师主持编制。

一、施工组织总设计的作用

建筑装饰装修工程施工组织总设计的主要作用在于：

1. 从全局出发，为整个项目的装饰装修施工做出全面的战略部署；

2. 指导全场性装饰装修的施工准备工作，为整个项目的实施创造必要的施工条件；

3. 为组织施工力量和技术、保证物资资源的供应提供依据。

4. 为编制单位工程装饰装修施工组织设计提供依据；

5. 为业主或监理单位编制项目装饰装修计划提供依据。

二、施工组织总设计的内容

建筑装饰装修施工组织总设计一般包括如下内容：

1. 项目工程概况；

2. 施工部署及主要单项工程的施工方案；

3. 全场性施工准备工作计划；

4. 施工总进度计划；

5. 各项资源需要量计划；

6. 全场性施工总平面图设计；

7. 各项技术经济指标；

8. 结束语。

三、施工组织总设计的编制程序

装饰装修阶段的施工组织总设计的编制程序如图 4-1 所示。

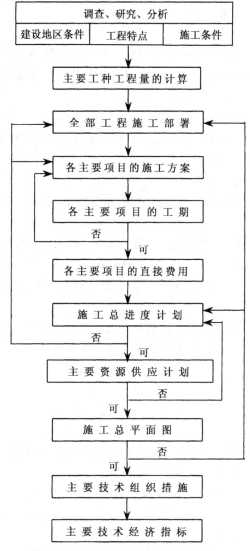

图 4-1 施工组织总设计的编制程序

四、施工组织总设计的编制依据

为了保证施工组织总设计的编制质量，使其切实能对整个工程项目发挥指导作用，编制时必须紧密结合工程实际情况。为此须依据如下有关资料：

1. 设计文件及有关资料

主要包括：装饰装修初步设计方案及有关设计图纸、设计说明书，装饰装修的总概算；建筑总平面图，建筑、结构及设备的有关图纸等。要重点了解设计意图和设计指导思想、建筑结构特点、装饰装修标准及新材料新工艺的使用情况。

2. 计划文件及有关合同

主要包括：国家批准的基本建设计划，工程项目一览表，分期分批交付使用的期限和投资计划，项目所在地区主管部门的批件，整个建设项目或结构阶段的施工组织总设计；装饰装修项目招投标文件及工程承包合同或协议，施工单位上级主管部门下达的施工任务计划，引进材料和设备供货合同等。

3. 地区技术经济特点及现场条件

主要包括：当地的自然气候条件，水电供应条件，可能为项目使用的企业、劳动力市场、设备及材料供应、交通运输等方面的情况，现场的场地及临时设施情况，结构施工的进展情况及质量状况等。

4. 国家规范、规程、技术规定及类似工程的有关资料

主要包括：国家现行的施工及验收规范、操作规程、定额、技术规定和技术经济指标。类似工程的施工组织总设计和有关总结资料等。

五、工程概况和特点分析的编写

施工组织总设计中的工程概况和特点分析，是对整个拟装工程项目的总说明和总分析，一般应包括以下内容：

1. 项目名称、工程性质、建设地点、工程规模、总期限、分期分批投入使用的项目和工期、总建筑面积、总占地面积、装饰装修的主要内容与作法、主要工种工程量；设备系统构成及安装量；装饰装修总投资；建筑结构的类型及施工进展情况；新技术、新材料、新做法的复杂程度和应用情况。

2. 建设地区的自然条件和技术经济条件，施工场地的环境与条件。

3. 上级对施工企业的要求，企业的施工能力、技术与管理水平，现场临时设施的解决办法以及其他施工条件等。

第二节　施工部署

施工部署是对整个项目的施工全局做出统筹规划和全面安排，即对影响全局的重大战略问题做出决策。其编制内容与要求如下所示。

一、确定项目展开程序

根据建设项目总目标及项目总展开程序的要求，确定装饰装修工程分期分批施工的合理展开程序。在确定展开程序时，应主要考虑以下要点：

（1）根据工期要求及结构施工进展状况，对各个单项工程实行分期分批施工。即有利于保证项目的总工期，又可在全局上实现施工的连续性和均衡性，减少暂设工程数量，降低工程成本。至于分几批施工，还应根据其使用功能、业主要求，装饰装修规模，资金情况，由甲、乙双方共同研究确定。

（2）统筹安排各类施工项目，保证重点，兼顾其他，确保按期交付使用。按照各工程项目的重要程度和装饰装修复杂程度，优先安排的项目包括：

1）甲方要求先期交付使用的项目；

2）工程量大、构造复杂、施工难度大、所需工期长的项目；

3）未被施工单位临时使用的项目。

（3）各个项目均应按照先结构管线、后装修装饰，先湿作业，后干作业的原则安排。

（4）要考虑季节对施工的影响。室外湿作业应避开冬季，油漆、裱糊要尽量避开冬雨

季施工。

二、施工任务划分与组织安排

在明确施工项目管理体制、机构的条件下，划分各参与施工单位的任务，明确总包与分包的关系，建立以装饰装修项目经理为核心的组织领导机构及职能部门，确定综合的和专业化的施工组织，明确各单位之间分工与协作关系，划分施工阶段，确定各分包单位分期分批的主攻项目和穿插项目。

三、拟定主要项目施工方案

主要项目通常是指工程量大、施工难度大、工期长，对整个建设项目的完成起关键作用的工程项目，或对全局有较大影响的分项工程。拟定主要工程项目施工方案的目的是为了进行技术和资源的准备工作，并利于对施工现场进行合理布局。其内容包括：对原有建筑物或新建结构基层的检验和处理方法；不同装饰装修部位的施工顺序、施工方法、施工机具及质量目标等。在确定施工方法时，要尽量扩大工厂化施工范围，努力提高机械施工程度，减轻劳动强度，提高劳动生产率，保证项目质量，降低项目成本。

四、编制施工准备工作总计划

施工准备工作是顺利完成装饰装修施工任务的保证和前提。应根据施工开展程序和主要项目施工方案，编制好全场性的施工准备工作计划。其表格形式见表 4-1。其主要内容包括：

(1) 确定场内外运输及施工用干道，水、电来源及其引入方案；

(2) 安排好生产和生活基地建设；

(3) 落实装饰装修材料、加工品、构配件的货源和运输储存方式；

(4) 组织新材料、新技术、新工艺试验和人员培训；

(5) 编制各单位工程施工组织设计和研究制订施工技术措施等。

主要施工准备工作计划表 表 4-1

序　号	准备工作名称	准备工作内容	主办单位	协办单位	完成日期	负责人

第三节　施工总进度计划

施工总进度计划是根据施工部署中的施工方案和工程项目的开展程序，对全工地所有工程项目做出时间上的安排。其作用在于确定各个施工项目及其主要工种工程、准备工作和整个工程的施工期限以及开竣工日期。同时，也为制订资源需要量计划、临时设施的建设和进行现场规划布置提供依据。其编制步骤与要求如下：

一、列项并计算工程量

根据批准的总承建装饰装修任务一览表，列出装修装饰工程项目一览表并分别计算各项目的工程量。由于施工总进度计划主要起控制作用，因此项目划分不宜过细，可按确定的装饰装修项目的开展程序进行排列，应突出主要项目，一些附属的、辅助的及小型项目可以合并。

计算各装饰装修项目的工程量的目的是为了正确选择施工方案和主要的施工、运输机械，初步规划各主要项目的流水施工，计算各项资源的需要量。因此，工程量只需粗略计算。可依据设计图纸及相关定额手册，分单位工程计算主要实物量。计算所得的各项工程量填入工程量汇总表中，见表4-2。

工程量汇总表 表4-2

序号	工程名称	单位	工程量合计	公寓				商场	游泳馆	健身房
				1#	2#	3#	4#			
1	围护墙砌筑	m³	10023	2560	1853	2165	2267	654	286	238
2	外檐石材	m²	4011					2025	1160	826
3	门窗安装	m²								
4	吊顶	m²								
...										

二、确定各单位工程的施工期限

单位工程装饰装修的施工期限应根据要求工期确定，同时还要考虑建筑类型、结构特征、装修装饰的等级与复杂程度、施工管理水平、施工方法、机械化程度、施工条件与环境等因素。此外，也可参考相应的工期定额和以往的施工经验确定施工期限。

三、确定各单位工程的开竣工时间和相互搭接关系

在施工部署中已确定了总的施工期限，总的展开程序，再通过上面对各单位工程的施工期限（工期）进行分析确定后，就可以进一步安排各施工项目的开竣工时间和相互搭接关系。

在安排各项工程搭接时间和开竣工日期时，应考虑下列因素：

1. 保证重点，兼顾一般

在安排进度时，同一时期施工的项目不宜过多，以避免人力、物力过于分散。因此要分清主次，抓住重点。对工程量大、工期长、质量要求高、施工难度大的单位工程。或对其他工程施工影响大，对整个装饰装修施工项目的顺利完成起关键性作用的分项工程应优先安排。

2. 尽量组织连续、均衡地施工

安排施工进度时，应尽量使各工种施工人员，施工机具在全工地内连续施工，尽量实现劳动力、材料和施工机具的消耗量均衡，以利于劳动力的调度、原材料供应和临时设施的充分利用。为此，应尽可能在工程项目之间组织"群体工程流水"，即在具有相同装饰装修特征的建筑物或主要工种工程之间组织流水施工，从而实现人力、材料和施工机具的综合平衡。此外，还应留出一些附属项目或零星项目作为调节项目，穿插在主要项目的流水施工中，以增强施工的连续性和均衡性。

3. 保证装饰效果，避免污损破坏

在安排施工进度时，要充分考虑装饰装修成品的特点。对质量要求特别严格的项目，易于受到污染损坏的项目，要有严格精密度要求的设备或设施，应尽量安排在工程的后期，以避免污染、丢失、损坏。

4. 考虑个体施工对总图施工的影响

安排施工进度时，要保证工程项目的室外管线、道路、绿化等其他配套设施能连续、及时地进行。因此，必须恰当安排各个单位工程的起止时间，以便及时拆除施工机械设备、清理室外场地、清除临时设施，为总图施工创造条件。

5. 全面考虑各种条件的限制

安排施工进度时，还应考虑各种客观条件的限制。如施工企业的施工力量、各种原材料及机具设备的供应情况、设计单位提供图纸的时间、业主资金投入与保证情况、季节环境情况等。

四、编制初步施工总进度计划

施工总进度计划应安排全工地性的流水作业。安排时应以工程量大、工期长的单项工程或单位工程为主导，组织若干条流水线，并以此带动其他工程。

施工总进度计划可采用横道图或网络图表达。由于在工程实施过程中情况复杂多变，施工总进度计划只能起到控制性作用，因此不必搞得过细，否则将给计划的调整带来不便。当用横道图表达总进度计划时，项目的排列可按施工总体方案所确定的项目开展程序依次排列。横道图上应表达出各施工项目的开竣工时间及其施工持续时间。图 4-2 为某工程的施工总进度计划表，图 4-3 为某工程控制性施工进度计划网络计划图。

××医院装饰装修施工总进度计划表

序号	项 目 名 称	总工日	延续时间	施工进度
1	室外雨棚结构施工	272	17	
3	西侧围墙、大门施工	97	6	
4	西、南、北通道、花池、坡道	490	32	
5	外墙、大雨蓬抹灰、贴面砖	544	12	
6	南门头装修	453	40	
7	病房楼装修装饰及设备安装	27125	115	
8	办公楼及车库设备安装	256	19	
9	手术室装修、设备安装调试	654	56	
10	多功能厅装修、设备安装调试	358	58	
11	冷库装修、设备安装调试	275	30	
12	电梯安装调试		76	
13	三气系统安装调试		44	
14	防辐射施工测试		20	
15	超短波安装施工		26	
16	电视系统安装调试		25	
17	楼宇系统安装调试		30	
18	消防系统安装调试		32	
19	呼叫系统施工调试		22	
20	竣工清理		10	

施工进度时间轴：三月、四月、五月、六月（每月分 5、10、15、20、25、30）

图 4-2 某医院装饰装修工程施工总进度计划

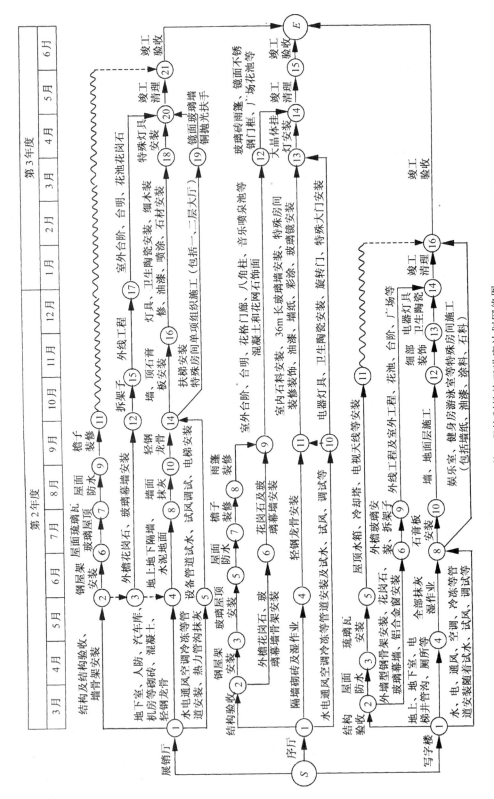

图 4-3 某工程控制性施工进度计划网络图

五、编制正式施工总进度计划

初步施工总进度计划绘制完成后，应对其进行检查，主要检查以下几个方面：

（1）是否满足总工期及起止时间的要求；

（2）各施工项目的搭接是否合理；

（3）整个装饰装修项目资源需要量动态曲线是否较为均衡。

如果出现问题则应调整解决。调整的主要方法是改变某些工程的起止时间或调整主导工程的工期。如果是利用计算机程序编制计划，还可分别进行工期优化、费用优化及资源优化。当初步施工总进度计划经调整符合要求后，即可编制正式的施工总进度计划。

第四节　资源需要量计划

施工总进度计划编制完成后，就可以编制劳动力、材料、构配件、加工品及施工机具等主要资源需要量计划，以便组织供应、保证施工总进度计划的实现；同时也为场地布置及临时设施的规划准备提供依据。

一、劳动力需要量计划

劳动力需要量计划是确定暂设工程规模和组织劳动力进场的依据。编制时应首先根据工种工程量汇总表中分别列出的各个项目专业工种的工程量，经套用预算定额或有关资料，求出各个建筑物几个主要工种的劳动量；再根据总进度计划表中各单位工程分工种的持续时间，即可求出某单位工程在某段时间里的平均劳动力人数。用同样方法可计算出各个项目的各主要工程在各个时期的平均工人数。将总进度计划表纵坐标方向上各单位工程同工种的人数叠加在一起并连成一条曲线，即为某工种的劳动力动态曲线图和计划表。劳动力需要量计划见表4-3。

劳动力需要量计划　　　　　　　　　　　　　　　　　　　表4-3

序　号	工种名称	施工高峰需用人数	×季度			×季度		
			×月	×月	×月	×月	×月	×月

注：1. 各种名称除生产工人外，还应包括附属和辅助用工（如机修、运输、现场加工、材料保管等）以及服务和管理用工。

　　2. 表下应附以分月的劳动力动态曲线（纵轴表示人数，横轴表示时间）。

二、材料、构件及半成品的需要量计划

根据各工种工程量汇总表所列各建筑物主要装饰装修项目的工程量，查相关定额或指标，便可得出各项目所需的材料、构配件和半成品的需要量。然后根据总进度计划表，大致估算出某些主要装饰装修材料在某季度某月的需要量，从而编制出装饰装修材料、构配件和半成品的需要量计划。该计划是落实组织货源、签订供应合同、确定运输方式、编制运输计划、组织进场、确定暂设工程规模的依据。有关材料、构配件、加工品需要量计划见表4-4、4-5。

主要材料需用量计划　　　　　　　　　　　　　　　　表 4-4

序　号	材料名称	单　位	×季度			×季度		
			×月	×月	×月	×月	×月	×月

注：材料名称可按砖、砌块、型钢、管材、石材、瓷砖、木材、水泥、砂、涂料等分类填列。

构配件和加工品需要量计划　　　　　　　　　　　　表 4-5

序　号	构配件或加工品名称	规　格	单　位	需　要　量				
				×月	×月	×月	×月	×月

注：构配件或加工品名称按隔墙板、幕墙、门窗、家具、厨房设备、卫生洁具等分别填列。

三、施工机具需要量计划

主要施工机具可根据施工总进度计划及主要项目的施工方案和工程量套定额或按经验确定。施工机具需要量计划是组织机具供应、确定停放场地或库房的面积、计算配电线路及选择变压器容量等的依据。主要施工机具，设备需用量计划见表 4-6。

主要施工机具、设备需要量计划　　　　　　　　　　表 4-6

序　号	机具设备名称	规格、型号	数量	电动机功率（kW）	需　要　量			
					×月	×月	×月	×月

注：机具设备名称可按运输、脚手、金属加工、木加工、焊接、切割、打孔等类别分别填列。

第五节　现场暂设工程

在工程项目正式开工之前，要按照施工准备工作计划的要求，建造相应的暂设工程，以满足施工需要，为工程项目创造良好的施工环境。暂设工程类型的规模因工程而异，主要有：工地加工厂组织，工地仓库组织，工地运输组织，办公及福利设施组织，工地供水组织和工地供电组织。

一、工地加工厂组织

（一）工地加工厂类型和结构

1. 工地加工厂类型

工地加工厂类型应根据需要设置。主要有：钢筋混凝土预制构件加工厂、综合木工加工厂、石材加工厂、通风管道加工厂、水电管线加工厂、金属结构构件加工厂和机械修理厂等。

2．工地加工厂结构

各种加工厂的建筑结构型式，应根据使用期限长短和建设地区的条件而定。一般使用期限较短者，宜采用简易结构，如一般油毡、铁皮屋面的竹木结构；使用期限较长者，宜采用瓦屋面的砖木结构、砖石结构或装拆式活动房屋等。

（二）工地加工厂面积确定

加工厂的建筑面积，主要取决于设备尺寸、工艺过程、设计和安全防火等要求，通常可参考有关经验指标等资料确定。常用各种临时加工厂的面积参考指标，见表4-7。

现场作业棚所需面积参考指标 表4-7

序 号	名 称	面 积		备 注
		数 量	单 位	
1	木工作业棚	2	m²/人	占地面积为棚的2～3倍
2	电锯房	80	m²	86～92cm 圆锯1台
3	电锯房	40	m²	小圆锯1台
4	搅拌棚	10～18	m²/台	
5	卷扬机棚	6～12	m²/台	
6	烘炉房	30～40	m²	
7	焊工房	20～40	m³	
8	电工房	15	m²	
9	白铁工房	20	m²	
10	油漆工房	20	m²	
11	机、钳工修理房	20	m²	
12	立式锅炉房	5～10	m²/台	
13	发电机房	0.2～0.3	m²/kW	
14	水泵房	3～8	m²/台	
15	空压机房（移动式）	18～30	m²/台	
16	空压机房（固定式）	9～15	m²/台	

二、工地仓库组织

（一）工地仓库类型和结构

1．工地仓库类型

建筑工程施工中所用仓库有以下几种：

（1）转运仓库：是设在车站、码头等货物转载地点的仓库。

（2）中心仓库：是专用来贮存整个建筑工地所需的材料、贵重材料及需要整理配套的材料的仓库，一般设在现场附近或区域中心。

（3）现场仓库：是专为某项工程服务的仓库，一般就近设置。

（4）加工厂仓库：专供某加工厂贮存原材料和已加工的半成品、构配件的仓库。

2. 工地仓库结构

工地仓库按保管材料的方法与要求不同，可分为以下几种：

（1）露天堆场。用于堆放不因自然条件而影响性能、质量的材料。如砖、砂石、混凝土构件等的堆场。

（2）库棚。用于堆放防止受阳光雨雪直接侵蚀或易散失、损坏的材料。如保温材料、细木作制品、石材、陶瓷制品、五金器具等。

（3）封闭式库房。用于储存防止风霜雨雪直接侵蚀变质的材料、贵重材料、细巧易散失和损坏的材料和物品等。

（二）仓库材料储备

1. 确定储备量

材料储备一方面要确保工程施工的正常需要；另一方面还要避免材料的过多积压，减少仓库面积和投资，减少管理费用和资金积压。通常的储备量是以合理储备天数来确定，同时考虑现场条件、供应与运输条件以及材料本身的特点。

材料的总储备量一般不少于该种材料总用量的 20%～30%。其中包括能为本工程使用已落实的材料，如已进入转运仓库和中心仓库的材料，以及有了货源又已经订货的材料。

施工现场的材料储备量（在库量）可按下式计算：

$$q = \frac{n \cdot Q}{T} \qquad (4-1)$$

式中　q——现场材料储备量；

　　　n——储备天数，见表 4-8；

　　　Q——计划期内材料、半成品和制品的总需要量；

　　　T——需要该项材料的施工天数，大于 n。

2. 确定仓储面积

仓库或堆场面积可用下式计算：

$$F = \frac{q}{P} \qquad (4-2)$$

式中　F——仓库或堆场面积（m²），包括通道面积；

　　　q——材料储备量；

　　　P——每 m² 能存放的材料、半成品和制品的数量，见表 4-8。

3. 仓库的尺寸

设计仓库时，在满足面积要求的情况下，仓库的尺寸必须满足装车卸车的要求。装卸线的长度可用下式计算：

$$L = nl + a(n+1) \qquad (4-3)$$

式中　L——装卸线长度（m）；

　　　n——同时装卸的运输工具数；

　　　l——运输工具长度（m）；

　　　a——相邻两运输工具之间的距离（汽车运输时，端卸为 1.5m，侧卸为 2.5m）。

材料储存参考数据表

表 4-8

序 号	材料名称	储备天数	单位	每 m² 储存量	堆置高度	仓库类型
1	水泥	30～60	t	1.5～1.9	10～12 袋	库房
2	生石灰（块）	20～30	t	1～1.5	1.5m	库棚
3	生石灰（袋）	10～20	t	1～1.3	1.5m	库棚
4	石膏	10～20	t	1.2～1.7	2m	库棚
5	砂、石子	15～30	m³	1.2	1.5m	露天
6	砖	15～30	千块	0.7～0.8	1.5～1.6m	露天
7	轻质混凝土制品	3～7	m³	1	2m	露天
8	型钢	30～50	t	1～1.2	0.8m	露天
9	钢管（φ200 以上）	30～50	t	0.5～0.7	1.2m	露天
10	钢管（φ200 以下）	30～50	t	0.8～1.0	2.0m	露天
11	铸铁管	20～30	t	0.6～0.8	1.2m	露天
12	暖气片	40～50	t	0.5	1.5m	库棚
13	水暖零件	20～40	t	0.7	1.4m	库或棚
14	五金	20～40	t	1.0	2.2	库房
15	原木	40～60	m³	0.9	2m	露天
16	成材	20～40	m³	0.7	2m	露天
17	废木料（约占锯木量的 10%～15%）	15～20	m³	0.3～0.4	1.5m	露天
18	门窗扇	30	m²	30	2m	库棚
19	门窗框	30	m²	15	2m	库棚
	块石	10～20	m³	1	1.2m	露天
	墙、地面石材	20～30	m²	18	1.2m	库棚
	墙、地面砖	20～30	m²	80	1.5m	库棚
	纸面石膏板	10～20	m²	50	1.0m	库棚
20	玻璃	20～30	箱	6～10	0.8m	库棚
21	卷材	20～30	卷	15～24	2.0m	库房
22	涂料	20～30	t	0.3	0.9m	库房
23	水、电、卫设备	20～30	t	0.35	1.0m	库房、棚
24	电线、电缆	30～50	t	0.8	2.0m	库房

注：储备天数根据材料特点及来源、供应季节、运输条件等确定。一般现场加工的成品、半成品或就地供应的材料取表中之低值，外地供应及铁路运输或水运者取高值。

三、运输道路

工地运输道路应尽量利用永久性道路，或先修筑永久性道路路基并铺设简易路面。主要道路应布置成环形、"U"形，次要道路可布置成单行线，但应有回车场。应尽量避免与铁路交叉。现场临时道路的技术要求及路面的种类和厚度见表4-9、4-10。

简易道路的技术要求   表4-9

指 标 名 称	单 位	技 术 标 准
设计车速	km/h	≤20
路基宽度	m	双车道6～6.5；单车道4.5～5；困难地段3.5
路面宽度	m	双车道5～5.5；单车道3.5～4
平面曲线最小半径	m	平原、丘陵地区20；山区15；回头弯道12
最大纵坡	%	平原地区6；丘陵地区8；山区11
纵坡最短长度	m	平原地区100；山区50
桥面宽度	m	木桥4～4.5
桥涵载重等级	t	木桥涵7.8～10.4（汽—6～汽—8）

临时道路的路面种类和厚度   表4-10

路 面 种 类	特点及其使用条件	路基土壤	路面厚度（cm）	材料配合比
级配砾石路面	雨天照常通车，可通行较多车辆，但材料级配要求严格	砂质土	10～15	体积比： 粘土：砂：石子＝1：0.7：3.5 重量比： 1.面层：粘土13%～15%，砂石料85%～87% 2.底层：粘土10%，砂石混合料90%
		粘质土或黄土	14～18	
碎（砾）石路面	雨天照常通车，碎（砾）石本身含土较多，不加砂	砂质土	10～18	碎（砾）石＞65%，当地土＜35%
		砂质土或黄土	15～20	
碎砖路面	可维持雨天通车，通行车辆较少	砂质土	13～15	垫层：砂或炉渣4～5cm 底层：7～10cm碎砖 面层：2～5cm碎砖
		粘质土或黄土	15～18	
炉渣或矿渣路面	可维持雨天通车，通行车辆较少，当附近有此项材料可利用时	一般土	10～15	炉渣或矿渣75%，当地土25%
		较松软时	15～30	
砂土路面	雨天停车，通行车辆较少，附近不产石料而只有砂时	砂质土	15～20	粗砂50%，细砂、粉砂和粘质土50%
		粘质土	15～30	
风化石屑路面	雨天不通车，通行车辆较少，附近有石屑可利用时	一般土	10～15	石屑90%，粘土10%
石灰土路面	雨天停车，通行车辆少，附近产石灰时	一般土	10～13	石灰10%，当地土90%

四、办公及福利设施组织

（一）办公及福利设施类型

（1）行政管理和生产用房。包括：建筑装饰工地办公室、传达室、消防、车库及各类行政管理用房和辅助性修理车间等。

（2）居住生活用房。必要时包括家属宿舍，职工单身宿舍、食堂、医务室、招待所、小卖部、浴室、理发室、开水房、厕所等。

（3）文化生活用房。包括：俱乐部、图书室、邮亭、广播室等。

（二）办公、生活及福利临时设施的规划

1. 确定工地人数

（1）直接参加装饰施工生产的工人。包括：机械维修工人、运输及仓库管理人员、动力设施管理工人、冬季施工的附加工人等；

（2）行政及技术管理人员。

（3）为工地上居民生活服务的人员。

（4）以上各项人员的家属。

上述人员的比例，可按国家有关规定或工程实际情况计算。

2. 确定办公、生活及福利设施建筑面积

建筑装饰施工工地人数确定后，就可按实际经验或面积指标计算出建筑面积。计算公式如下：

$$S = N \times P \qquad (4-4)$$

式中　S——建筑面积(m^2)；

　　　N——人数；

　　　P——建筑面积指标，详见表 4-11。

行政、生活福利临时设施建筑面积参考指标　　　　　　　　　表 4-11

序　号	临时房屋名称	单　位	参考指标	指　标　使　用　方　法
一	办公室	m^2/人	3～4	按使用人数
二	宿舍			
1	单层通铺	m^2/人	2.5～3.0	按高峰年（季）平均人数
2	双层床	m^2/人	2.0～2.5	（扣除不在工地住人数）
3	单层床	m^2/人	3.5～4.0	（扣除不在工地住人数）
三	家属宿舍	m^2/户	16～25	视工期长短、距基地远近，取 0～30%
四	食堂	m^2/人	0.5～0.8	按高峰就餐人数
	食堂兼礼堂	m^2/人	0.6～0.9	按高峰年平均人数
五	其他合计	m^2/人	0.5～0.6	按高峰年平均人数
1	医务所	m^2/人	0.05～0.07	按高峰年平均人数，不小于 $30m^2$
2	浴室	m^2/人	0.07～0.1	按高峰年平均人数

序　号	临时房屋名称	单　位	参考指标	指　标　使　用　方　法
3	理发室	m²/人	0.01~0.03	按高峰年平均人数
4	俱乐部	m²/人	0.1	按高峰年平均人数
5	小卖部	m²/人	0.03	按高峰年平均人数，不小于40m²
6	招待所	m²/人	0.06	按高峰年平均人数
7	托儿所	m²/人	0.03~0.06	按高峰年平均人数
8	其他公用	m²/人	0.05~0.10	按高峰年平均人数
六	小型设施			
1	开水房	m²	10~40	
2	厕所	m²/人	0.02~0.07	按工地平均人数
3	工人休息室	m²/人	0.15	按工地平均人数
4	自行车棚	m²/人	0.8~1.0	按骑车上班人数

计算所需要的各种生活、办公所用房屋，应尽量利用施工现场及其附近的永久性建筑物。不足的部分修建临时建筑物。

3. 临时房屋的形式及尺寸

临时建筑物修建时，应遵循经济、适用、装拆方便的原则，按照当地的气候条件、工期长短、本单位的现有条件以及现场暂设的有关规定确定结构型式。

常用固定式临时房屋的主要尺寸及布置要求见表4-12。

常用固定式临时房屋主要尺寸　　　　表4-12

序号	房　屋　用　途	跨度 (m)	开间 (m)	檐　高 (m)	布　置　说　明
1	办公室	4~5	3~4	2.5~3.0	窗口面积，约为地面的1/8
2	宿舍	5~6	3~4	2.5~3.0	床板距地0.4~0.5m，过道1.2~1.5m
3	工作间、机械房、材料库	6~8	3~4	按具体情况定	
4	食堂兼礼堂	10~15	4	4.0~4.5	剧台进深，约10m，须设足够的出入口
5	工作棚、停机棚	8~10	4	按具体情况定	
6	工地医务室	4~6	3~4	2.5~3.0	

五、工地供水组织

装饰施工阶段的用水量一般远小于结构施工阶段，当能够沿用结构施工的供水设施或已安装永久性供水设施时，无需单独进行本项组织。

工地临时供水的类型主要包括生产用水、生活用水和消防用水三种。生产用水又包括工程施工用水、施工机械用水；生活用水又包括施工现场生活用水和生活区生活用水。

1. 确定用水量

（1）工程施工用水量

$$q_1 = K_1 \Sigma \frac{Q_1 \cdot N_1}{T_1 \cdot b} \times \frac{K_2}{8 \times 3600} \qquad (4-5)$$

式中　q_1——施工工程用水量（L/s）；

　　　K_1——未预见的施工用水系数（1.05～1.15）；

　　　Q_1——年（季）度工程量（以实物计量单位表示）；

　　　N_1——施工用水定额；见表 4-13；

　　　T_1——年（季）度有效工作日（天）；

　　　b——每天工作班次；

　　　K_2——用水不均衡系数，见表 4-14。

施工用水（N_1）参考定额　　　　表 4-13

序　号	用　水　对　象	单　位	耗　水　量	备　　注
1	浇筑混凝土全部用水	L/m³	1700～2400	
2	石灰消化	L/t	3000	
3	砌砖工程全部用水	L/m³	150～250	
4	砌筑石材全部用水	L/m³	50～80	
5	墙面抹灰工程全部用水	L/m²	30	
6	楼地面垫层及抹灰	L/m²	190	
7	搅拌砂浆	L/m³	300	
8	抹面	L/m²	4～6	不包括调制砂浆用水
9	现制水磨石	L/m²	300	
10	墙面石材（灌浆法）	L/m²	15	
11	墙面瓷砖	L/m²	20	
12	顶板、墙面刮腻子	L/m²	5	
13	石材、面砖地面	L/m²	20	
14	上水主管道工程	L/m	98	
15	安装室内上下水管道	L/m	35	
16	安装卫生洁具	L/件	40	

用水不均衡系数　　　　表 4-14

符　　号	用　水　类　型	不　均　衡　系　数
K_2	施工工程用水 生产企业用水	1.5 1.25
K_3	施工机械、运输机构用水	2.0
K_4	施工现场生活用水	1.3～1.5
K_5	生活区生活用水	2.0～2.5

（2）施工机械用水量

$$q_2 = K_1 \Sigma Q_2 \cdot N_2 \cdot \frac{K_3}{8 \times 3600} \qquad (4-6)$$

式中　q_2——施工机械用水量（L/s）；

　　　K_1——未预见的施工用水系数（1.05～1.15）；

　　　Q_2——同种机械台数（台）；

　　　N_2——施工机械用水定额；

　　　K_3——施工机械用水不均衡系数，见表 4-14。

（3）施工现场生活用水量

$$q_3 = \frac{P_1 N_3 K_4}{b \times 8 \times 3600} \qquad (4-7)$$

式中　q_3——施工现场生活用水量（L/s）；

　　　P_1——施工现场高峰期生活人数；

　　　N_3——施工现场生活用水定额，视当地气候、工程而定，参见表 4-15。

　　　K_4——施工现场生活用水不均衡系数，见表 4-14。

　　　b——每天工作班次。

生活用水量（N_3、N_4）参考定额　　　　表 4-15

序　号	用　水　对　象	单　　位	耗　水　量
1	工地全部生活用水	L/人·日	100～120
2	生活用水（盥洗、饮用）	L/人·日	25～30
3	食堂	L/人·日	15～20
4	浴室（淋浴）	L/人·次	50
5	洗衣	L/人·日	30～35
6	理发室	L/人·次	15
7	医院	L/病床·日	100～150

（4）生活区生活用水量

$$q_4 = \frac{P_2 N_4 K_5}{24 \times 3600} \qquad (4-8)$$

式中　q_4——生活区生活用水量（L/s）；

　　　P_2——生活区居民人数（人）；

　　　N_4——生活区昼夜全部用水定额，见表 4-15；

　　　K_5——生活区用水不均衡系数，见表 4-14。

（5）消防用水量

消防用水量 q_5 见表 4-16。

消 防 用 水 量　　　　　　　　　　表 4-16

序　号	用水部位	用　水　项　目	按火灾同时发生次数计	耗水量（L/s）
1	居住区	5000 人以内	一次	10
		10000 人以内	二次	10～15
		25000 人以内	二次	15～20
2	施工现场	25 公顷以内	二次	10～15
		每增加 25 公顷递增		5

（6）总用水量 Q

1）当 $(q_1+q_2+q_3+q_4)<q_5$ 时，则 $Q=Q_5+(q_1+q_2+q_3+q_4)/2$

2）当 $(q_1+q_2+q_3+q_4)>q_5$ 时，则 $Q=q_1+q_2+q_3+q_4$

3）当工地面积小于 $5hm^2$，并且 $(q_1+q_2+q_3+q_4)<q_5$ 时，则 $Q=q_5$。

最后计算的总用水量，还应增加 10%，以补偿不可避免的水管渗漏损失。

2. 选择水源

工地临时供水的水源，有供水管道和天然水源两种。应尽可能利用现有永久性供水设施或现场附近已有供水管道，如果没有现成的供水管道或其供水量难以满足使用要求时，才使用江、河、水库、泉水、井水等天然水源。选择水源时应注意下列因素：

（1）水量充足可靠；

（2）生活饮用水、生产用水的水质，应符合要求；

（3）尽量与农业、水利综合利用；

（4）取水、输水、净水设施要安全、可靠、经济；

（5）施工、运转、管理和维护方便。

3. 确定供水系统

在没有市政管网供水的情况下，需设置临时供水系统。临时供水系统可由取水设施、贮水构筑物（水塔及蓄水池）输水管和配水管线综合而成。

（1）确定取水设施

取水设施一般由进水装置、进水管和水泵组成。取水口距河底（或井底）一般 0.25～0.9m。给水工程所用水泵有离心泵、潜水泵等。所选用的水泵应具有足够的抽水能力和扬程。

（2）确定贮水构筑物

一般有水池、水塔或水箱。在临时供水时，如水泵房不能连续抽水，则需设置贮水构筑物。其容量以每小时消防用水决定，但不得少于 $10～20m^3$。贮水构筑物（水塔）高度应按供水范围、供水对象位置及水塔本身的位置来确定。

（3）确定供水管径

在计算出工地的总需水量后，可计算出管径，公式如下：

$$D=\sqrt{\frac{4Q\times1000}{\pi\cdot v}}$$

$$(4-9)$$

式中　D——配水管内径（mm）；

　　　Q——用水量（L/s）；

　　　v——管网中水的流速（m/s），见表 4-17。

临时水管经济流速表

表 4-17

项　次	管　　径	流　速（m/s）	
		正常时间	消防时间
1	支管 $D<100mm$	2	
2	生产消防管道 $D=100\sim300mm$	1.3	>3.0
3	生产消防管道 $D>300mm$	$1.5\sim1.7$	2.5
4	生产用水管道 $D>300mm$	$1.5\sim2.5$	3.0

（4）选择管材

临时给水管道，根据管道尺寸和压力大小进行选择，一般干管为钢管或铸铁管，支管为钢管。

六、工地供电组织

装饰施工阶段的用电量一般也远小于结构施工阶段，当能够沿用结构施工的供电设施或已安装永久性供电设施并能够满足装饰施工需要时，无需单独进行本项组织。

工地临时供电组织包括：计算用电总量，选择电源，确定变压器，确定导线截面面积并布置配电线路。

1. 工地总用电量计算

施工现场用电量大体上可分为动力用电和照明用电两类。在计算用电量时，应考虑以下几点：

（1）全工地使用的电力机械设备、工具和照明的用电功率；

（2）施工总进度计划中，施工高峰期同时用电数量；

（3）各种电力机械的情况。

总用电量可按下式计算：

$$P=1.05\sim1.1\left(K_1\frac{\Sigma P_1}{\cos\phi}+K_2\Sigma P_2+K_3\Sigma P_3+K_4\Sigma P_4\right) \qquad (4-10)$$

式中　　　　P——供电设备总需要容量（kVA）；

　　　　　　P_1——电动机额定功率（kW）；

　　　　　　P_2——电焊机额定容量（kVA）；

　　　　　　P_3——室内照明容量（kW）；

　　　　　　P_4——室外照明容量（kW）；

　　　　　　$\cos\phi$——电动机的平均功率因数（施工现场最高为 0.75~0.78，一般为 0.65
　　　　　　　　　　 ~0.75）；

K_1、K_2、K_3、K_4——需要系数，见表 4-18。

如施工中需用电热时，应将其用电量计算进去。单班施工时，最大用电负荷量以动力用电量为准，不考虑照明用电。

各种机械设备以及室外照明用电可参考有关定额。

需要系数 k 值

表 4-18

用 电 名 称	数 量	需 要 系 数	
		K	数值
电动机	3～10 台 11～30 台 30 台以上	K_1	0.7 0.6 0.5
加工厂动力设备			0.5
电焊机	3～10 台 10 台以上	K_2	0.6 0.5
室内照明		K_3	0.8
室外照明		K_4	1.0

部分装饰施工机械用电参考定额

表 4-19

机 械 名 称	型 号	功率 (KW)	机 械 名 称	型 号	功率 (KW)
卷扬机	JJK—0.5	3	建筑施工外用电梯	上海 76—Ⅱ	11
	JJK—0.5B	2.8		SCD100/100A	11
	JJK—1A	7	液压升降台	YSF25—50	3
	JJZ—1	7.5	灰浆搅拌机	UJ100	2.2
	JJK—3	28		UJ325	3
	JJK—5	40	套丝切管机	TQ—3	1
	JJM—0.5	3	电动液压弯管机	WYQ	1.1
	JJM—3	7.5	木工电刨	MIB$_2$—80/1	0.7
	JJM—5	11	木压刨板机	MB1043	3
	JJM—10	22	木工圆锯	MJ104	3
交流电焊机	BX$_1$—135	8.7		MJ114	3
	BX$_1$—330	21		MJ106	5.5
	BX$_3$—500—2	38.6	单面木工压刨床	MB103	3
直流电焊机	AX$_1$—165（AB—165）	6		MB103A	4
	AX$_4$—300—1（AG—300）	10		MB104A	4
	AX—320（AT—320）	14		MB106	7.5
	AX$_5$—500	26	双面木工刨床	MB206A	4
	AX$_3$—500（AG—500）	26	木工平刨床	MB503A	3
纸筋麻刀灰搅拌机	ZMB—10	10		MB504A	3
强制式砂浆搅拌机	UJ—200A	3	手提式电刨	1923H	0.85
灰浆泵	UB$_3$	4	普通木工车床	MCD616B	3
挤压式灰浆泵	UBJ$_2$	2.2	单头直榫开榫机	MX2112	9.8

机 械 名 称	型 号	功率（KW）	机 械 名 称	型 号	功率（KW）
粉碎淋灰机	FL—16	4	电锤	J₁ZC—22	0.3
单盘水磨石机	SF—D	2.2		Z₁SJ—28	0.75
双盘水磨石机	SF—S	4		Z₂SC—1	3.5
侧式磨光机	CM2—1	1	电动曲线锯	JIQZ—3	0.23
立面水磨石机	MQ—1	1.65	型材切割机	J₃G400	3
墙围水磨石机	YM200—1	0.55	云石机	125mm	1.05
地面磨光机	DM—60	0.4	电动角向磨光机	SIMJ—125	0.58
电动弹涂机	DT120A	8		SIMJ—180	1.7
高压无气喷涂机	PWD—8	2.2	砂带磨光机	9402	1.01
	PWD—1.5	0.49	磨光抛光两用机	9207B	1.1

注：表中电焊机在功率栏中的数值为电焊机额定容量，单位（KVA）。

2．选择电源

选择临时供电电源，通常有如下几种方案：

（1）完成工程项目的变配电室建设，可直接为装饰施工供应充足的电能。

（2）完全由工地附近的电力系统供电，包括在开工之前把永久性供电外线工程做好，设置变电站。

（3）工地附近的电力系统能供应一部分，工地需增设临时电站以补充不足。

（4）利用附近的高压电网，申请临时加设配电变压器。

（5）工地处于新开发地区，还没有电力系统时，完全由自备临时电站供给。

在制订方案时，应根据工程实际，经过分析比较后确定。通常可利用结构施工时，从附近的高压电网，经设在工地的变压器降压后，引入使用。

3．确定变压器

现场变压器功率可由下式计算：

$$P = K\left(\frac{\Sigma P_{max}}{\cos\phi}\right) \qquad (4—11)$$

式中　P——变压器输出功率（kVA）；

　　　K——功率损失系数，取 1.05；

　　ΣP_{max}——各施工区最大计算负荷（kW）；

　　$\cos\phi$——功率因数。

根据计算所得容量，以变压器产品目录中选用略大于该功率的变压器。

4．确定配电导线截面积

配电导线要正常工作，必须具有足够的机械强度、耐受电流通过所产生的温升并且使得电压损失在允许范围内。因此，选择配电导线有以下三种方法：

（1）按机械强度确定

导线必须具有足够的机械强度以防止受拉或机械损伤而折断。在各种不同敷设方式下，

120

导线按机械强度要求所必须的最小截面可参考有关资料。

（2）按允许电流选择

导线必须能承受负荷电流长时间通过所引起的温升。

1）三相四线制线路上的电流可按下式计算：

$$I = \frac{P}{\sqrt{3} \cdot V \cdot \cos\phi} \tag{4-12}$$

2）二线制线路可按下式计算：

$$I = \frac{P}{V \cdot \cos\phi} \tag{4-13}$$

式中　I——电流值（A）；

　　　P——功率（W）；

　　　V——电压（V）；

　$\cos\phi$——功率因数，临时管网取 0.7～0.75。

考虑导线的容许温升，各类导线在不同的敷设条件下具有不同的持续容许电流值（详见有关资料）。在选择导线时，导线中的电流不能超过该值。

（3）按容许电压降确定

为了使导线引起的电压降控制在一定限度内，配电导线的截面可用下式确定：

$$S = \frac{\sum P \cdot L}{C \cdot \varepsilon} \tag{4-14}$$

式中　S——导线断面积（mm²）；

　　　P——负荷电功率或线路输送的电功率（kW）；

　　　L——送电路的距离（m）；

　　　C——系数，视导线材料，送电电压及配电方式而定；

　　　ε——容许的相对电压降（即线路的电压损失百分比）。照明电路中容许电压降不应超过 2.5%～5%。

所选用的导线截面应同时满足以上三项要求，即以求得的三个截面积中最大者为准，从导线的产品目录中选用线芯。通常先根据负荷电流的大小选择导线截面，然后再以机械强度和允许电压降进行复核。

第六节　施工总平面图

装饰装修阶段的施工总平面图是在基础、结构阶段施工总平面图的基础上，按照装饰装修阶段的施工部署、施工方案和施工总进度计划及资源需用量计划的要求，将施工现场的道路交通、材料仓库或堆场、现场加工厂、临时房屋、临时水电管线等做出合理的规划与布置。其目的是正确处理全工地装饰装修施工期间所需各项设施和永久建筑、拟装工程之间的空间关系，以指导现场实现有组织、有秩序和文明施工。施工总平面图的比例一般为 1∶1000 或 1∶2000，绘制时应使用规定的图例或以文字标明。

一、施工总平面图设计的内容

（1）整个建设项目已有的建筑物和构筑物、拟装工程以及其他已有设施的位置和尺寸。

（2）已有和拟建为全工地施工服务的临时设施的布置，包括：

1）场地临时外墙，施工用的各种道路；

2）加工厂、制备站及主要机械的位置；

3）各种装饰装修材料、半成品、构配件的仓库和主要堆场；

4）行政管理用房、宿舍、食堂、文化生活福利等用房；

5）水源、电源、动力设施、临时给排水管线、供电线路及设施；

6）机械站、车库位置；

7）一切安全、消防设施；

3．必要的图例、方向标志、比例尺等。

随着结构工程的完成和装饰装修工程的进展，现场的面貌将不断改变。因此，应及时对施工总平面图进行修正，以适应施工的要求。

二、施工总平面图设计的依据

（1）整个建设项目的施工总平面图或建设项目总平面图、已有的各种设施位置；

（2）工程所在地的自然条件和技术经济条件；

（3）施工部署、施工方案、总进度计划及各种资源需要量计划；

（4）各种现场加工、仓库及其他临时设施的数量及面积尺寸；

（5）有关的材料堆放、现场加工、仓库、办公、宿舍等面积定额；

（6）现场管理及安全用电等方面有关文件和规范、规程等。

三、施工总平面图设计的原则

（1）充分利用现有场地，使整体布局紧凑、合理；

（2）合理组织运输，保证运输方便、道路畅通，减少运输费用；

（3）合理划分施工区域和存放场地，减少各工程之间和各专业工程之间的相互干扰；

（4）充分利用各种永久性建筑物和已有设施为施工服务，降低临时设施的费用；

（5）生产区与生活区适当分开，各种生产生活设施应便于使用；

（6）应满足劳动保护、安全防火及文明施工等要求。

四、施工总平面图设计的步骤和要求

（1）绘出整个施工场地的围墙和已有的建筑物、构筑物以及其他设施的位置和尺寸。

（2）画出已有的道路、仓库、行政管理及生活用房、水电管线及设施。

（3）布置新的临时设施及堆场。设计时应注意以下要求：

1）场外交通道路的引入及场内道路的布置

场外运输可采用铁路、水路、公路等运输方式。在装饰装修阶段可继续沿用基础、结构施工阶段交通运输的引入形式，改造或新建场内运输道路，以满足装饰装修阶段的运输要求。当大批材料以公路运进现场时，应考虑城市有关建筑现场占道的管理规定，将仓库及生产加工场所布置在最经济、合理的地方，然后再来布置通向场外的公路线。

在布置场内运输道路时，应根据加工厂、仓库及各施工对象的相对位置，研究货物转运图，区分主要道路和次要道路，进行道路的规划。规划场区道路时，应考虑以下几点：

a. 尽量利用永久性道路和已有临时道路，合理规划临时道路与地下管网的施工程序。当已有的临时道路不能满足装饰装修施工要求时，应首先考虑能否提前修筑拟建的永久性道路或先修筑路基和简易路面，为施工所用，以达到节约费用的目的。若地下管网图纸尚

未出全，必须采取先修筑道路、后施工管网的顺序时，临时道路就不能完全布置在永久性道路的位置，以免开挖管沟时破坏路面。

b. 临时道路要将加工厂、仓库、堆场和施工点连接贯穿起来，并尽量减少其长度。

c. 保证运输道路畅通。道路应有两个以上进出口，道路末端应设置 12m×12m 的回车场地，尽量避免临时道路与铁路或塔轨交叉（若必须交叉，宜为正交）。场内道路干线应采用环形布置，主要道路宜采用双车道，路面宽度不少于 6m；次要道路宜采用单车道，宽度不少于 3.5m。转弯处要满足所进车辆对转弯半径的要求。

d. 选择合理的路面结构。对于永久性道路应按设计要求施工；场区内外的临时干线和施工机械行驶路线宜采用碎石级配路面，以利于修补；场内支线可为土路、砂石路或炉渣路。

（2）仓库及材料堆场的布置

装饰装修工程施工组织总设计所考虑的仓库按其用途分为中心仓库和现场仓库。中心仓库用以储存整个项目、大型施工现场材料；而现场仓库则为具体的某项装饰装修项目服务。

通常在布置仓库时，应尽量利用永久性仓库或沿用结构施工阶段的仓库。若需新增或重新布置仓库时，中心仓库应布置在工地中央或靠近使用的地方，也可以靠近内外交通连接处布置。水泥、砂、木材等需要加工的材料应布置在加工点附近；能够直接使用的材料、构配件或加工品，其仓库和材料堆应接近使用地点或垂直运输设备附近，以减少运距和避免二次搬运。仓库应位于平坦、宽敞、交通方便之处，且应符合安全和防火规定。

（3）加工厂布置

各种加工厂布置，应以方便使用，安全防火，运输费用最少，不影响装修装饰施工的正常进行为原则，一般应将加工厂集中布置在工地某一边缘，并且要求各种加工厂应与相应的仓库或材料堆场布置在同一地区。有火源或有污染的加工场地应布置在下风处，且不危害当地居民。

（4）行政管理与生活用临时设施

行政管理与生活所需用的临时设施包括：办公室、汽车库、宿舍、休息室、食堂、开水房、小卖部、浴室等。根据工地高峰期施工人数，可计算出这些临时设施的面积。应尽量利用建设单位的生活设施、永久性建筑，或沿用结构施工阶段的临时房屋，不足部分另行建造。

全工地性行政管理用房宜设在全工地出入口处，以便对外联系；也可设在工地中间，以便于全工地的管理。生活基地宜设在场外，距工地不超过 1000m 为宜。食堂可布置在生活区或工地与生活区之间。工人用的福利设施应设置在工人较集中的地方。

各栋房屋之间应保留足够的防火间距，排房之间要留出不少于 3.5m 宽的消防车道。房屋与道路之间要有足够的安全距离。

（5）临时水电管网和其他动力设施的布置

装饰装修阶段的水、电用量一般不会超过结构施工期间的流量或负荷。应尽量利用已有的或永久性线路与设备，减少临时设施费用。当其不能满足要求时，可考虑铺设临时线路和设施，要求如下：

1）需自行解决水源时，应设置抽水设备和加压设备，临时水池水塔应设在用水中心和地势较高处。临时供水管线要经过设计计算，其中包括用水量计算（据生产用水、机械用水、生活用水、消防用水），配水布置，管径的计算等，然后进行布置。

2）临时供电设计，包括用电量计算、电源选择，电力系统选择和配置。用电量包括施工用电（电动机、电焊机、电热器等）和照明用电。临时总变电站应设在高压线引入工地处，避免高压线穿越工地。需自行解决电源时，应将发电设备设在现场中心。

3）管网一般应沿道路布置，供电线路应避免与其他管道设在同一侧。主要供水管线宜采用环状布置，孤立点可设枝状。工地主要电力网一般为 3～10kV 高压线，沿主干道采用环形布置；380/220V 低压线采用枝状布置。水线宜暗埋；电线可架空布置，距路面或建筑物不少于 6m。

4）根据防火要求，现场应设置足够的消防站、消火栓。消防用水管线直径不得小于100mm，消火栓间距不大于 120m。消火栓应布置在十字路口或道路转弯处的路边，距路不超过 2m，与房屋的距离不大于 25m，也不小于 5m；消火栓周围 3m 以内不能有任何物料，并设置明显标志。

上述施工总平面图的设计步骤不是截然分开、各自孤立进行的，而是相互联系、相互制约的，需要综合考虑。整个现场的布置应经反复调整修正后才能确定下来。

复 习 题

4-1 施工组织总设计的主要内容包括哪些？

4-2 施工部署的主要内容是什么？

4-3 怎样确定项目的展开程序？

4-4 施工总进度计划的作用是什么？

4-5 在确定各单位工程的开竣工时间和相互搭接关系时，需考虑哪些问题？

4-6 施工总平面图布置的主要内容有哪些？

第五章 装饰装修单位工程施工组织设计

第一节 概　　述

建筑装饰装修单位工程施工组织设计是以一个建筑物的装饰装修工程为对象进行编制，是对其装饰装修工程施工的全过程进行战术性安排，用以指导各项施工活动的组织、协调和控制的综合性技术经济文件。

一、建筑装饰装修单位工程施工组织设计的内容

建筑装饰装修单位工程施工组织设计一般包括以下内容：

（1）工程概况和特点分析；

（2）施工方案；

（3）施工进度计划；

（4）施工准备工作计划；

（5）各种资源需要量计划；

（6）施工现场平面布置；

（7）各项技术、组织措施；

（8）主要技术经济指标。

二、施工组织设计的编制依据

装饰装修单位工程施工组织设计的编制依据主要有以下几个方面：

（1）主管部门的批示文件及有关要求。如上级主管部门对工程的指示，业主对施工的要求，占地申请和施工执照等方面的要求，施工合同中的有关规定等。

（2）经过会审的施工图。包括装饰装修工程的全部施工图纸，会审记录和标准图等有关设计资料，设计单位对新构造、新做法、新材料、新技术和新工艺的要求，对于较复杂的工程还要有各种设备系统图纸及其安装对装饰装修的要求等。

（3）建筑基体、环境及气象资料；

（4）上一级施工组织设计（施工组织总设计或装饰装修施工组织总设计）；

（5）资源供应情况（材料、构配件，水、电，主要工种及特殊工种劳动力配备）；

（6）业主可提供的条件；

（7）工程的预算文件及有关定额等；

（8）设备的安装情况与要求；

（9）有关的国家规定和标准（施工及验收规范、质量标准、操作规程……）；

（10）有关的参考资料及施工组织设计实例等。

三、编制方法与程序

1. 编制方法

（1）确定编制主持人、编制人，召开有关单位参加的交底会，拟定大的部署，形成初步方案；

（2）专业性研究与集中群众智慧相结合；

（3）充分发挥各职能部门的作用，发挥企业的技术、管理素质和优势；听取分包单位的意见与要求；

（4）较完整的方案提出后，组织有关人员及各职能部门进行反复讨论、研究、修改，最后形成正式文件，报请上级主管部门和业主、监理等批准。

2. 编制程序（图 5-1）

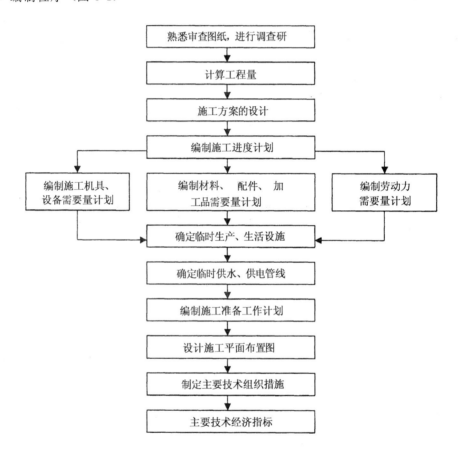

图 5-1 单位工程施工组织设计编制程序

在编制单位工程施工组织设计时，除了要采用正确合理的编制方法、遵循科学的编制程序外，还必须注意各项内容之间的相互关联和相互影响。施工组织设计的编制过程是由粗到细，反复协调进行的，最终达到优化施工组织设计的目的。

四、编制施工组织设计的基本原则

（1）认真贯彻国家对基本建设的各项方针政策及建筑法规，执行审批制度、基建程序、施工程序、招投标制、项目责任制等规定；

（2）严格遵守国家、地区和合同规定的工期；

（3）合理安排施工展开程序和顺序；

（4）采用先进施工技术，科学地制定施工方案；

（5）采用流水施工方法和网络计划技术编制进度计划；

（6）合理布置施工现场，减少施工用地；

（7）贯彻工厂制作与现场制作相结合的方针，提高工业化程度；

（8）充分利用现有机械设备，扩大机械化施工范围；

（9）尽量降低工程成本，提高工程经济效益；

（10）坚持质量第一，重视施工安全。

第二节　工程概况及施工特点分析

单位工程施工组织设计中的工程概况，是对拟装项目的工程特点、地点特征和施工条件等所作的一个简要介绍。其目的首先是使施工组织设计的编制者做到心中有数，以便合理选择方案，提出相应技术措施；其次是使审批人了解情况，以便判断该设计的可行性与合理性。因此在编写时应力求简单明了，常以文字叙述并配合简单的图、表来表达。编写的内容一般包括：

一、工程建设概况

主要说明：拟装工程的建设单位（业主），工程坐落地点，工程名称、性质、用途、作用和建设目的，资金来源及工程投资额，开竣工日期，设计单位、施工总分包单位的名称，施工图纸情况，施工合同、主管部门的有关文件或要求，以及组织施工的指导思想等。

二、工程施工概况

1. 设计特点

（1）建筑、结构特征

主要说明：拟装工程的建筑面积、平面形状、功能分区和组合情况，层数、层高、总高，建筑的风格特点；基础及主体结构的类型，墙、柱、梁、板的材料、尺寸与特点，楼梯的构造及形式，结构抗震设防等级，基础及结构的施工进展情况与质量状况等。

（2）装饰工程的设计特点

主要说明：装饰装修的部位与内容、档次与特色，设计的思路与要求，主要部位的材料做法。

（3）设备安装设计特点

主要说明：各种系统组成与特点，采暖、卫生与燃气工程、建筑电气安装工程、通风与空调工程、消防与保安工程、电讯安装工程、电梯安装工程等的设计要求。

2. 主要工程量

为了说明主要工程的任务量，应列出主要工程量一览表（表 5-1），以反映工程的重点、特点。所列项目数不宜过多，可待工程量计算后汇总列出。

主要工程量一览表		表 5-1	
序号	分部分项工程名称	工 程 量	
		数 量	单 位
1			
2			
3			
⋮			

3．地点特征

这部分主要反映拟装工程所处的地区、位置、地形情况、施工现场周围环境，当地气温、风力、主导风向，雨量、冬雨季时间，冻层深度等。

4．施工条件

主要说明：结构工程、屋面工程及设备安装工程的进展状况，能为装饰装修工程提供的条件，工程的内在质量及表面质量情况；劳动力、材料、构件、加工品、机械的供应和来源落实情况；内部承包方式，劳动组织形式及施工技术和管理水平；现场临时设施及供水供电的解决办法等。

三、工程施工特点

根据以上各方面的说明，分析出本工程的重点、难点和施工中的关键问题（如在工程量、工期、工程复杂程度、装饰装修质量要求、施工条件、地点特征、资金、场地、图纸等方面），以便在进行施工部署、选择施工方法、组织资源供应、技术力量配备以及施工准备上采取有效措施，保证施工顺利进行。

第三节　施工方案的设计

施工方案是施工组织设计的核心部分。施工方案的设计包括确定施工展开程序、划分施工段、确定施工起点和流向、确定施工顺序、选择施工方法与施工机械等五方面内容。其合理与否将直接关系到施工效率、质量、工期和技术经济效果，所以必须予以足够重视。

一、确定施工展开程序

施工展开程序是指装饰装修工程中各分部工程或施工阶段之间所固有的、密不可分的先后施工次序及制约关系。确定施工展开程序一般应遵循以下原则。

1．先准备后开工

在工程开始施工前，应充分做好内业和现场施工准备，以保证工程开工后能够连续、顺利地进行。内业准备工作主要包括：熟悉、会审施工图纸，编制施工预算及组织设计文件，落实机械设备与劳动力计划，落实协作单位，落实材料供应渠道及检测验收方法，进行技术和计划交底，对职工进行专业培训及安全与防火教育等。现场准备工作主要包括：场地清理，结构表面与楼层的清理，搭设临时建筑，设置附属加工设施，铺设临时水电管网，修筑临时道路，机械设备进场与试车，必要的材料进场与储备等。

2．先围护后装饰

对框架或框架剪力墙结构的建筑，应先进行围护墙及隔墙的砌筑或安装、玻璃幕墙的安装，以保证装饰装修施工的可行性与安全性。

3. 先室外后室内

室内的装饰装修施工宜在外墙装饰装修之后进行。首先由于外墙的施工材料一般经由室内运输，先室外后室内有利于室内成品保护；第二，先施工外墙可尽早拆除外脚手架，从而缩短外脚手架的使用时间，节约费用；第三，对使用设有连墙杆或连柱杆的外脚手架的工程，外装饰不完、脚手架不拆、室内装饰装修难以进行；第四，在冬雨季来临之前也应先抢室外的装饰装修，以利于缩短工期。

室内的装饰装修宜在屋面防水完工后进行。若屋面防水未完成，应在屋面采取有效苦盖防水措施，方可进行室内装饰装修作业，以保护室内成品。

4. 先湿后干

抹灰、楼地面垫层、现制水磨石等湿作业项目，易于对其他装饰装修项目造成污染或破坏，应先于易被其污损项目的施工。装配式吊顶、石膏板隔墙、细木作装修、油漆、壁纸、地毯等干作业项目不宜过早施工。

5. 先隐后面

先隐后面指对各种隐蔽项目（如各种埋件、吊顶的吊杆和龙骨等）应先行施工或处理，经检查合格后再进行面层封闭处理。

6. 先设备管线，后面层装饰

在装修装饰施工阶段，有大量的设备管线安装在吊顶、隔墙内或地面垫层中。这些管线的安装，大多需要与装饰装修施工交叉进行。但装饰装修工程的面层施工，必须在其内包管线与设备安装完毕、并经检查验收合格后方可进行。

二、划分施工区段

划分施工区段是将单一而庞大的建筑物划分成若干个部分，从而形成"假定产品批量"，以适应组织流水施工的要求。划分时应按照分段原则和方法进行，并绘图表示。

1. 分段原则（见流水施工）

2. 一般方法

室内的装饰装修，可将每个楼层作为一个施工段或每个楼层分为几个施工段；

室外的装饰装修，可将每个楼层或每步架高作为一个施工层，每个施工层作为一段或每个施工层的每面墙作为一个施工段。

对于多高层建筑，也可将几个楼层作为一个施工区，每个区内分层分段流水施工，各区之间采用平行施工，以加快施工进度。

三、确定施工起点和流向

施工起点和流向是指在拟装工程的平面或竖向空间上，开始施工的部位及其流动方向。起点流向的确定，关系到工程质量、施工速度、经济效益及能否满足业主要求等，是组织施工的重要环节。

1. 装饰装修工程的常用施工流向

（1）室外装饰装修工程：通常采用自上而下的施工流向。但个别施工过程，如底层及找平层抹灰、石材安装等，可自下而上进行。

（2）室内装饰装修工程：可采用自上而下、自下而上、自中而下再自上而中三种流向。

自上而下是指主体结构封顶并作完屋面防水层后，装饰装修由顶层开始逐层向下的施

工流向，一般有水平向下和垂直向下两种形式，如图 5-2 所示。其优点是：建筑物沉降趋于

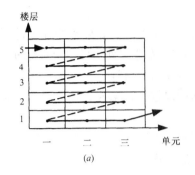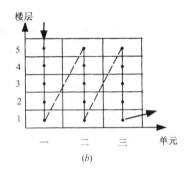

图 5-2　室内装饰装修工程自上而下的流向
（a）水平向下；（b）垂直向下

稳定且屋面不漏水，易于保证装饰装修工程质量，利于成品保护，工序间交叉少，便于施工组织和管理，有利于安全施工，垃圾清理方便。其缺点是不能与主体结构搭接施工，因而总工期较长。对于高层和超高层建筑，由于装饰装修阶段有较多的施工空间，允许以若干层为一个区，各区均自上而下平行施工，能相应缩短工期。

　　自下而上是指结构施工完成不少于三层时，装饰装修从底层开始逐层向上的施工流向。一般与主体结构平行搭接施工，但至少应保持与主体结构施工间隔两个楼层，以确保装饰装修施工的安全。自下而上的流向也可分为水平向上和垂直向上两种形式，如图 5-3 所示。为防止雨水或施工用水从上层板缝渗漏而影响装饰装修质量，应先做好上层楼板面层抹灰，再进行本层顶棚、墙面的抹灰及其他作业项目的施工。这种流向的优点是由于与主体结构平行搭接施工，能相应缩短工期；缺点是工序交叉多，成品保护难，质量和安全不易保证，材料供应紧张，施工机械负担重，现场施工组织和管理比较复杂。只有当工期极为紧迫时，方可考虑这种流向，且高级装饰装修或面层装饰不宜过早进行。

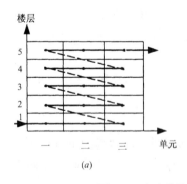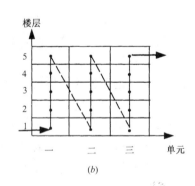

图 5-3　室内装饰装修工程自下而上的流向
（a）水平向上；（b）垂直向上

　　自中而下再自上而中的施工流向，综合了前两种流向的优点，一般用于高层建筑的装饰装修施工。如图 5-4 所示。

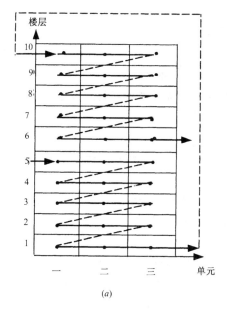
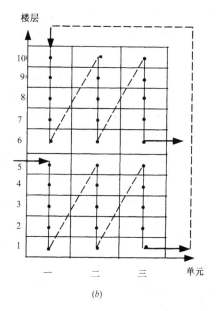

图 5-4　室内装饰装修工程自中而下再自上而中的流向

(a) 水平向下；(b) 垂直向下

2. 确定施工起点流向时应考虑的几个问题

（1）业主的要求。生产或使用要求急的楼层或部位应优先安排施工。例如高层宾馆、饭店等，可以在主体结构施工完一定层数后，即进行地面上若干层的设备安装与室内外装饰装修。

（2）施工的繁简程度。对于技术复杂、施工进度较慢、工期较长的楼层或部位应先施工。

（3）施工方便，构造合理。如墙面石材安装应由下向上进行，以满足承载、安装或灌浆要求；而重量相对较轻的墙面砖在每一施工层内可由下向上进行，但就整个外墙面而言，则为上一施工层完成后转移到下一施工层，即由上至下进行。

（4）保证质量，防止污染。楼地面垫层、抹灰等湿作业宜采取由上向下的流向，否则上层施工渗水、滴水对下层顶棚、楼地面成品将造成污损；在同一楼层内，楼面抹灰或铺设石材、地砖时，应由室内到楼道、楼梯，以实现逐步封闭养护。外墙面水刷石必须由上至下，以防止刷水及冲洗时水泥浆污染下部成品。

（5）考虑采用的机械、设备。当室内装饰装修的垂直运输采用井架、龙门架或施工电梯等固定式机械时，应采取水平向下的流向；而采用移动式高车架时，对单元式住宅则可采取垂直向下的流向，以减少施工洞。外装饰采用吊篮脚手架时，粘结层及找平层抹灰可随吊篮上升自下向上进行，而面层装饰则随吊篮下降由上至下，以减少吊篮的升降次数。

四、确定施工顺序

施工顺序是指各个分部分项工程之间的先后施工次序。施工顺序合理与否，将直接影响到工种间配合、工程质量、施工安全、工程成本和施工工期，必须科学合理地予以确定。

1. 确定施工顺序的原则

（1）符合施工展开程序

施工顺序必须在不违反施工展开程序的前提下确定。

（2）符合构造要求

施工顺序的安排必须满足装饰装修的构造要求。如：安木（钢）门框→墙、地抹灰，以保证底部嵌固，侧面勾缝严密牢固；再如轻钢龙骨纸面石膏板吊顶安装的施工顺序为：安吊顶固定件→安吊杆→安龙骨→安纸面石膏板。

（3）符合施工工艺

施工顺序应与施工工艺的顺序要求相一致。如：贴面砖→勾缝；刮腻子→喷涂。

（4）考虑材料的特性

确定施工顺序应注意材料性能的差异，如木门窗框或钢门窗宜在抹灰前安装，而铝合金或塑料门窗则宜在大面积抹灰或石材、面砖施工之后进行。

（5）与施工方法及采用的机械协调

当采用的施工方法不同则施工顺序也不相同。如水磨石楼地面的施工顺序，当采用现制磨石时为：抹找平层→分格安分格条→抹压水泥石渣浆→养护→粗磨→中磨→细磨；而采用预制磨石时为：定位挂线→铺装磨石→养护、嵌缝。再如石材的干挂法与传统的挂装灌浆法，其施工顺序安排也不可能相同。

（6）考虑工期和施工组织的要求

如地面灰土垫层可以随房心回填进行施工，也可以在主体结构全部完成后、地面混凝土垫层施工之前进行；再如墙面抹灰与地面抹灰之间的顺序，这些都取决于工期情况和施工组织的形式与要求。

（7）保证施工质量

如水泥砂浆踢脚或水泥砂浆墙裙与白灰砂浆（或混合砂浆）墙面抹灰之间的顺序，应保证"先硬后软"。即先抹水泥砂浆踢脚或墙裙，以防止强度较低的墙面砂浆进入其范围内形成隔离层而造成空鼓（当考虑工期因素先抹墙面时，须与踢脚或墙裙上口保持 50～100mm 的间距，待踢脚、墙裙施工后再进行补抹）；墙裙的前两遍油漆应先于墙面喷浆，原因同前。

（8）有利于成品保护

这是确定装饰装修工程施工顺序最为重要的原则之一。如现制水磨石楼地面应尽早施工，以防止磨石废水侵蚀、污染室内外其他装饰装修项目；卫生间防水施工完成并经验收合格后，方可进行下层的装饰装修；吊顶内水电管线及设备安装、调试，需经验收合格后，方可封装吊顶面板；卧室门窗油漆完成后，再裱糊壁纸、铺设地毯，以减少保护费用和清理用工。

（9）考虑气候条件

如冬季室内装饰装修施工时，应先安装门窗及玻璃再做其他装饰。

（10）符合安全施工要求

如幕墙安装应先于室内各种装饰装修施工，楼梯栏杆安装宜先于楼梯间其他施工过程等。

2. 安排施工顺序时应依据作业条件并明确其利弊特点

部分装饰装修工序间的施工顺序、作业条件及其优缺点，见表 5-2。

部分装饰装修工序间的施工顺序

表 5-2

项次	施工顺序或作业内容	作业条件	主要优点	主要缺点
1	楼（地）面→墙面、吊顶、顶棚	1. 基层应验收合格 2. 现制水磨石楼（地）面最后一遍应后磨 3. 里脚手架立杆下应垫软垫 4. 严禁在楼（地）面上拌砂浆	1. 减少大量清扫工用量 2. 基层较洁净，易保证楼（地）面施工质量 3. 吊顶、顶棚和墙内安装暗管线时间较充裕 4. 吊顶、顶棚不受湿作业潮湿的影响	1. 楼地面需采取保护措施 2. 楼地面养护推迟了顶、墙的施工，工期略长
2	墙面、吊顶、顶棚→楼（地）面	1. 基层质量验收合格 2. 吊顶、顶棚和墙暗装管线应提前安装完毕	1. 楼（地）面面层污损少 2. 楼（地）面养护时间充裕，工期略短	1. 基层落地灰不易清扫干净，难以保证楼地面施工质量 2. 楼地面施工易污损墙面 3. 吊顶、顶棚和墙内暗装管线时间紧迫 4. 湿作业时吊顶易吸湿开裂
3	室内抹灰、饰面吊顶、顶棚、隔断	隔墙、木门窗框、钢窗、暗装的管道、电线管、电器埋件等均以完工	1. 技术条件合理 2. 易于保证施工质量	
4	木门窗框，钢窗，钢门框安装	湿作业未做	1. 技术条件合理 2. 能保证施工质量	
5	木门窗扇，钢门扇，铝合金、涂色镀锌钢板、塑钢门窗及玻璃安装	湿作业已完成	1. 技术条件合理 2. 能保证施工质量	
6	有抹灰基层的饰面板作业及安装吊顶和轻型花饰	抹灰工程应已完工	1. 技术条件合理 2. 能保证施工质量	
7	涂料、刷（喷）浆作业及吊顶、顶棚、隔断罩面板的安装作业	1. 管道及设备已经试压和已试运转 2. 各种楼地面面层和明装电器应未做	1. 不致污损后继工程 2. 方便后继工程施工	工期稍长
8	裱糊工程作业	1. 吊顶、顶棚、墙面和门窗应已完工 2. 各种涂料和刷浆工程应已完工	裱糊不受污损	工期稍长
9	实木地板面层最后一遍涂料或复合木地板及其踢脚安装	裱糊作业已完工	面层不受污损	

3. 施工顺序安排应注意装饰装修与设备管线的交叉配合

各种管道、设备箱体的安装及电线管的穿线，宜在装饰装修施工前完成。吊顶内、隔墙内及其他需以装饰装修作为依附或掩盖的管线及设备，应按施工展开程序的要求，协调好交叉配合关系。以保证质量、便于施工操作、有利于成品保护为确定配合关系的原则。例如一般宾馆或公寓标准房室内装饰装修的施工顺序为：

（1）客房或卧室、起居室

施工顺序如图 5-5 所示的流程图。

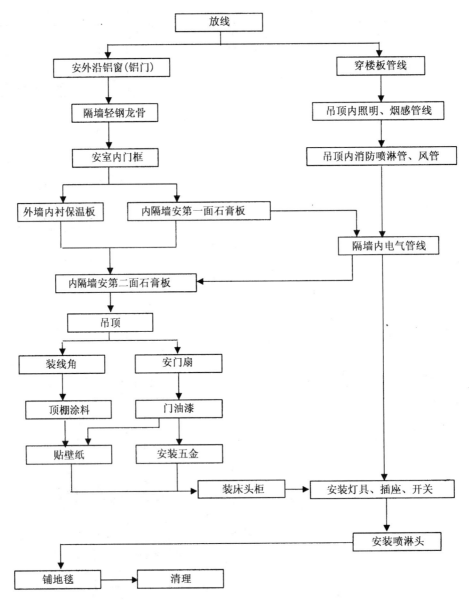

图 5-5　客房、卧室、起居室施工顺序框图

（2）卫生间的施工顺序

放线→穿楼板管线及套管→隔墙轻钢龙骨→安门框→隔墙内侧挂钢板网→隔墙内电气管线及电盒→钢板网抹灰→地面防水及保护层→砌浴缸台、安浴缸→铺贴地面、墙面瓷砖→安坐便器、面盆、安吊顶内电管及排风管→安地漏、上下水管→吊顶→安门扇、灯盒、电器→安镜子、化妆盒→打密封胶→油漆→安门及其他五金→清理。

（3）厨房的施工顺序

放线→穿楼板管线及套管→隔墙轻钢龙骨→安门框、吊顶内的电管、下水管及风管→

134

安隔墙第一面石膏板及隔墙内电气管线、电盒→安隔墙第二面石膏板→铺贴墙地瓷砖→吊顶→安装橱房地柜、吊柜→安装洗池、灶具→安水嘴及下水管→安门扇、抽油烟机→油漆→安门锁及其他五金配件→清理。

以上所述的施工过程和顺序，仅为一般情况。而建筑装饰装修施工是一个较为复杂的过程，不可能有一个固定的、一成不变的施工顺序。如装饰装修的内容与构造、施工环境、现场条件、资源供应情况等，均会对施工过程和施工顺序的安排产生影响。因此，对于每一个单位工程，必须根据其施工特点和具体情况，在遵循施工顺序安排原则的基础上，确定其合理的施工顺序。

五、施工方法和施工机具的选择

施工方法和施工机具选择是施工方案中的关键问题。它直接影响施工进度、施工质量、安全以及工程成本。制定施工方案时，必须根据工程的建筑结构特征、装饰装修的施工内容及工程量大小、工期长短、资源供应情况、施工现场条件和周围环境，选择适当的施工方法和施工机具。施工方法和施工机具的选择应以文字阐述和必要的图纸加以表达。

1. 选择施工方法

选择施工方法时应着重于主要分部分项工程，包括：工程量大、工期长，在整个单位工程中占有重要地位的分部分项工程；采用新技术、新工艺、新作法及对工程质量起关键作用的分部分项工程；不熟悉、缺乏经验的分部分项工程；由专业施工单位施工的特殊专业工程等。而对于采用常规做法和工人熟悉的分部分项工程，则只需简略地提出应特别注意的问题即可。

（1）施工方法选择的基本要求

1）符合施工组织总设计中确定的施工方法与要求。

2）满足装饰装修施工工艺与技术的要求。例如脚手架的形式、宽度、步距，施工的操作方法、养护保护方法等。

3）尽量提高工厂化、机械化程度。例如采用已做好饰面的墙板，由石材加工厂提供成品石材，门窗委托厂方制作安装等。

4）满足先进、合理、可行、经济的要求。每一个分部分项工程的选择，都应进行定性分析、比较或通过计算进行定量分析、比较，以寻求最佳方法。

5）满足工期、质量、安全等方面的要求。

（2）施工方法选择的主要内容

1）对原有建筑物及新建结构基体或基层的检验和处理方法；

2）垂直运输及水平运输的方法与设备；

3）脚手架及其他防护的设施、安装方法与要求；

4）主要分部分项工程的操作要求及方法、质量要求以及必要的图纸（如定位图、安装图、贴面排料图……）。

2. 选择主要施工机具

为了保证施工质量、加快施工进度，装饰装修施工必须配备必要的施工机械和专用工具。这些施工机具应使用方便，工作质量和效率要高于一般传统的手工施工工具。施工机具的选择，主要是对机具的类型、型号或规格、数量三个方面进行确定。

（1）选择施工机具时应遵循切合需要、实际可能、经济合理的原则。具体考虑以下几点：

1）技术条件。包括技术性能、工作效率、工作质量、能源耗费、劳动力的节约、使用的安全性和灵活性、通用性和专用性、耐用性、操作与维修的难易程度等。

2）经济条件。包括原始价值、使用寿命、使用费用、维修费用等。对于租赁机具，还应考虑其租赁费。

3）要进行定性或定量的技术经济分析比较，以使机具选择最优。

（2）选择施工机具时应注意的问题

1）首先选择主导施工机具。如垂直运输机械，搅拌机械及其他主要或特殊作业项目的施工机具。

2）各种辅助机具或运输工具应与主导机具的生产能力协调配套，以充分发挥主导机具效率。

3）在同一施工现场上，应力求施工机具的种类和型号尽可能少，以利于机械管理与维修；尽量选用多功能或通用性机具，以提高其利用率。

4）选择时应首先考虑充分发挥本单位现有施工机具的能力。若不能满足要求时，则应经过一定的技术经济分析，选择租赁或购置。无论通过哪种获得渠道，所选机具必须能够落实。

第四节　施工进度计划的编制

单位工程施工进度计划，是在既定施工方案的基础上，根据工期要求和资源供应条件，按照合理的施工顺序和组织施工的原则，对单位工程从开始施工到工程竣工的全部施工过程在时间上和空间上进行的合理安排。单位工程施工进度计划的作用是指导现场施工的安排、控制施工进度以确保工程的工期。同时也是编制劳动力、机械及各种物资需要量计划和施工准备工作计划的依据。

一、施工进度计划的类型

根据工程规模大小、结构的复杂程度、工期长短及工程的实际需要，单位工程施工进度计划一般可分为控制性进度计划和指导性进度计划。

（1）控制性进度计划：它是以单位工程或分部工程作为施工项目划分对象，用以控制各单位工程或分部工程的施工时间及它们之间互相配合、搭接关系的一种进度计划，常用于工程结构较为复杂、规模较大、工期较长或资源供应不落实、工程设计可能变化的工程。

（2）指导性进度计划：它是以分部分项工程作为施工项目划分对象，具体确定各主要施工过程的施工时间及相互间搭接、配合的关系。对于任务具体而明确、施工条件基本落实、各种资源供应基本满足、施工工期不太长的工程均应编制指导性进度计划；对编制了控制性进度计划的单位工程，当各单位工程或分部工程及施工条件基本落实后，也应在施工前编制出指导性进度计划，不能以"控制"代替"指导"。

二、施工进度计划的表达形式

单位工程施工进度计划通常用横道图表或网络图两种形式表达。横道图表能较为形象直观地表达各施工过程的工程量、劳动量、使用工种、人（机）数、起始时间、延续时间及各施工过程间的搭接、配合关系。而网络图能表示出各施工过程之间相互制约、相互依赖的逻辑关系，能找出关键工序和关键线路，能优化进度计划，更便于用计算机管理。

三、编制依据

单位工程施工进度计划编制，应主要依据以下资料：

（1）施工图纸、标准图及有关技术资料；

（2）施工组织总设计及其施工总进度计划对本工程的开竣工日期及工期等要求；

（3）已确定的施工方案，包括施工展开程序及施工顺序、施工段划分、施工起点流向、施工方法、质量及安全措施等；

（4）施工条件及劳动力、材料、构配件、施工机具等资源供应条件；

（5）预算文件、施工定额或劳动定额、机械台班定额及有关规范等；

（6）气象资料，施工的环境条件等。

四、编制步骤与要求

（一）划分施工项目

施工项目是包括一定工作内容的施工过程，它是进度计划的基本组成单元。划分时应注意以下要求：

（1）项目的多少、划分的粗细程度，取决于进度计划的类型及需要。对于控制性的施工进度计划，其项目划分应较粗些，一般以一个分部工程作为一个项目，如外檐工程、大堂工程、客房工程、楼道工程等。对于指导性的施工进度计划，其项目划分应细些，要将每个分部工程包括的各主要分项工程均一一列出，如大堂工程中的吊顶安装、墙面石材、墙裙、地面等。

（2）适当合并、简明清晰。项目划分过细、过多，会使进度图表庞杂、重点不突出。故在绘制图表前，应对所列项目分析整理、适当合并。方法为：对工程量较小的同一部位几个项目应合为一项（如卫生间的面盆、座便器、浴缸安装合并为"卫生间洁具安装"，阳台地面的垫层、抹灰、地砖合并为"阳台地面"）；对同一工种同时或连续施工的几个项目可合并为一项（如：门窗玻璃油漆，顶棚与墙面腻子，木作油漆，外墙水刷石与干粘石，台阶与散水抹灰均为合并项目）；对工程量很小的项目可合并到邻近项目中（如踢脚可并入地面施工中）。

（3）列项要结合施工方案。即要结合施工方案中所确定的施工方法和施工顺序，不应违背。项目排列的顺序也应符合施工的先后顺序，并编排序号、列出表格。

（4）不占现场时间的间接施工过程不列项。如加工厂制作构配件及材料运输等，可不列入施工进度计划内。

（5）列项要考虑施工组织的形式。对专业施工单位或大包队组所承担的部分项目有时可合为一项。如简单的水暖电卫设备安装，可列为一项，只表明其与装饰装修施工的配合关系。

（6）工程量及劳动量很小的项目可合并列为"其他工程"一项。如零星砌筑、零星抹灰、局部油漆、测量放线、局部验收、少量清理等等。其劳动量可作适当估算，现场施工时，灵活掌握，适当安排。

（二）计算工程量

项目划分后，应计算出每个施工项目包括的各个施工内容的工程量。计算应依据施工图纸及有关资料、工程量计算规则和既定施工方法进行，计算时应注意以下几个问题：

（1）工程量的计量单位及计算方法要与所用定额一致。

（2）要按照施工方案中确定的施工方法计算。如涂料施工时，机械喷涂与手工刷涂量不同。

（3）分层分段流水者，若各层段工程量相等或出入很小时，可只计算一层或一段的工程量，再乘以其层段数而得出该项目总的工程量。

（4）利用预算文件时，要适当摘抄和汇总。对计量单位、计算规则和项目包括内容与施工定额不符的项目，应加以调整、更改、补充或重新计算。

（5）合并项目中各项应分别计算，以便套用定额，待计算出劳动量后再予以合并。

（6）由专业施工单位承包的项目可不计算，由其承包单位计算并安排详细计划。

（三）计算劳动量及机械台班量

1. 计算方法

计算出各施工过程的工程量并查出或定出其定额后，可按下式计算出所需劳动量或机械台班量。

$$P = Q/S \tag{5-1}$$

或

$$P = Q \cdot H \tag{5-2}$$

式中 P——完成某施工过程所需的劳动量（工日）或机械台班量（台班）；

Q——该施工过程的工程量（实物量单位）；

S——该施工过程的产量定额（每工日或每台班完成的实物量）；

H——该施工过程的时间定额（完成单位实物量所需工日或台班数）。

2. 采用定额时应注意以下问题

（1）应参照国家或本地区的劳动定额及机械台班定额，并结合本单位的实际情况（如工人技术等级构成、技术装备水平、施工现场条件等），研究确定出本工程或本项目应采用的定额水平。

（2）合并施工项目有如下两种处理方法：

1）将合并项目中的各项分别计算劳动量（或台班量）后汇总，将总量列入进度表中；

2）合并项目中的各项为同一工种施工或同一性质的施工过程时，可采用各项目的平均定额。合并项目的平均时间定额可按下式计算：

$$\overline{H} = \frac{\sum_{i=1}^{n} P_i}{\sum_{i=1}^{n} Q_i} = \frac{Q_1 H_1 + Q_2 H_2 + \cdots + Q_n H_n}{Q_1 + Q_2 + \cdots + Q_n} \tag{5-3}$$

式中各符号意义同前。

【例1】 某室内装饰工程需做乳胶漆墙面 $1500m^2$，其中抹灰墙基体为 $600m^2$，石膏板墙基体为 $900m^2$。其三遍乳胶漆（包括清理、刮腻子和面层涂刷等各道操作）的劳动时间定额分别为 0.121 工日$/m^2$ 和 0.161 工日$/m^2$。求该工程乳胶漆墙面施工的平均时间定额及所需劳动量。

【解】 （1）平均时间定额：

$$\overline{H} = \frac{Q_1 H_1 + Q_2 H_2 + \cdots + Q_n H_n}{Q_1 + Q_2 + \cdots + Q_n} = \frac{600 \times 0.121 + 900 \times 0.161}{600 + 900} = 0.145 \text{（工日}/m^2\text{）}$$

（2）该项所需劳动量：

$$P=Q \cdot \overline{H}=1500 \times 0.145=217.5 \text{（工日）。}$$

（3）对于某些采用新技术、新材料、新作法或特殊施工方法的施工过程无定额可查时，可参考类似项目或实测确定。

3. "其他工程"项目所需劳动量的计算

对于"其他工程"项目所需劳动量，可根据其内容和数量，并结合工地具体情况，以占总劳动量的百分比（一般为 10%～20%）计算。

（四）确定施工项目的延续时间

施工项目的延续时间最好是按正常施工状态确定，以降低工程费用。待编制出初始计划后，再结合实际情况作必要调整，可有效地避免盲目抢工而造成浪费。具体确定方法有以下两种：

（1）根据可供使用的人员或机械数量和正常施工的班制安排，计算出各施工项目的延续时间。公式如下：

$$T=\frac{P}{R \cdot N} \tag{5-4}$$

式中　T——完成某分部分项工程的延续时间（天）；

　　　P——该分部分项工程所需的劳动量（工日）或机械台班量（台班）；

　　　R——为该分部分项工程每天提供或安排的班组人数（人）或机械台数（台）；

　　　N——该分部分项工程每天采用的工作班制数（1～3 班工作制）。

在安排某一施工项目的工人或机械数量时，除了要考虑可能提供或配备情况外，还应考虑工作面大小、最小劳动组合要求、施工现场及后勤保障条件及机械的效率、维修和保养停歇时间等因素，以使其数量安排切实可行。

在确定工作班制时，一般当工期允许、劳动力和施工机械周转使用不紧迫、施工项目的施工方法和技术无连续施工要求的条件下，通常采用一班制。当某些项目有连续施工的技术要求、或组织流水的要求以及经初排进度未能满足工期要求时，可适当组织二班制或三班制工作，但这种项目不宜过多，以便使进度计划留有充分的余地，并能避免现场的供应紧张和费用增加。

（2）根据工期要求倒排进度。先依据规定工期或流水节拍要求，确定出某个施工项目的施工延续时间，再按照采用的班制配备施工人员数或机械台数。此时可将式（5-4）变化为：

$$R=\frac{P}{T \cdot N} \tag{5-5}$$

上式中符号的意义同前。所配备的人员数或机械数应符合现有情况或供应情况，并符合现场条件、工作面条件、最小劳动组合及机械效率等诸方面要求，否则应进行调整或采取必要措施。

不管采用上述哪种方法确定延续时间，当施工项目是采用施工班组与机械配合施工时，都必须验算机械与人员的配合能力，否则其延续时间将无法实现或造成较大浪费。

（五）编制施工进度计划图表

在作完以上各项工作后，即可编制施工进度计划表或网络图。其方法如下。

139

1. 施工进度计划表（横道图）

指导性施工进度计划表的表头形式见表 5-3。绘制的步骤、方法与要求如下：

单位工程施工进度计划横道图表　　　　表 5-3

序号	工程名称		工程量		时间定额	劳动量		机械量		工作班制	每班人数	延续时间	施工进度													
	分部	分项	数量	单位		工种	工日数	型号	台班数				××××年×月												×月	
													2	4	6	8	10	12	14	16	18	20	22	24	26	28 …
1																										
2																										
3																										
…																										

注：施工进度栏的时间表可按工作日列出，也可按日历天列出。

（1）填写施工项目名称及计算数据

填写时应按照分部分项工程施工的顺序依次填写。垂直运输机械的安装、脚手架搭设及拆除等项目也应按照需用日期或与其他项目的配合关系顺序填写。填写后应检查有无遗漏、错误或顺序不当等。

（2）初排施工进度

根据施工方案及其确定的施工顺序和流水方法以及计算出的工作延续时间，依次画出各施工项目的进度线（经检查调整后，以粗实线段表示）。初排时应注意以下要求：

1）按分部分项工程的施工顺序依次进行，一般采用分别流水法，力争在某些分部工程或某一分部工程的几个分项工程中组织节奏流水。

2）分层分段施工的项目应分层分段地画进度线，并标注其层段名称，以明确其施工的流向。

3）据工艺上、技术上及组织安排上的关系，确定各项目间是连接施工、搭接施工、还是间隔施工。

4）尽量使主要工种连续作业，避免出现同一组劳动力或同一机具在不同施工项目中同时使用的冲突现象，最好能明确专业班组人员的流动转移情况。

5）注意某些施工过程所要求的技术间歇时间。如楼地面石材与后续施工过程间的养护间隔；卫生间水泥砂浆找平层与铺设防水层之间的干燥；墙面抹灰与涂料施工间的消解干燥等。

6）尽量使施工期内每日的劳动力以及其他资源用量均衡。

（3）检查与调整

初排进度后难免出现较多的矛盾和错误，必须认真地检查、调整和修改。

1）检查的内容

a. 总工期是否符合规定要求。工期不得超出规定，但也不宜过短，否则将造成浪费且影响质量和安全。

b. 从全局出发，检查各施工项目在技术上、工艺上、组织上是否合理。

c. 检查各施工过程的延续时间及起止时间是否合理，特别应注意那些对工期起控制作用的施工过程。如果工期不符合要求，则需首先修改这些主导施工过程的延续时间或起止时间，即通过调整其施工人数（或机具数量）、班制，或改变与其他施工项目的搭接配合关系，而达到调整工期之目的。

d. 有立体交叉或平行搭接施工的项目，在工艺上、质量上、安全上有无问题。

e. 技术上与组织上的停歇时间是否考虑了。

f. 有无劳动力、材料、机具使用过分集中，甚至出现冲突的现象。施工机具是否得到充分利用。

2）调整与修改

对不合要求的部分进行调整和修改。主要是针对工期、劳动力和材料等的均衡性以及机具利用程度的调整。调整的方法一般有：增加或缩短某些分项工程的施工延续时间；在施工顺序允许的情况下，将某些分项工程的施工时间向前或向后移动；必要时，还可以改变施工方法和施工组织。调整或修改时需注意以下问题：

a. 调整或修改某一项可能影响若干项，因此进行调整与修改必须从全局性的要求和安排出发，避免安排中的片面性。

b. 修改或调整后的进度计划，其工期要合理，各施工项目间的施工顺序要符合工艺、技术要求。

c. 进度计划应积极可靠，并留有充分余地，以便在执行中能根据情况变化加以修改与调整。

通过调整的进度计划，其劳动力、材料等需要量应较为均衡，主要施工机械的利用应较为合理。这样，可避免或减少短期的人力、物力的过分集中。无论对整个单位工程，还是对各个分部工程，劳动力消耗均应力求平衡。否则，在高峰时期，工人人数过分集中，势必造成劳动力紧张、各种临时设施增加、场地拥挤、材料供应紧张、施工费用大大增加的局面。劳动力消耗情况可用劳动力动态曲线图表示，其消耗的均衡性可用劳动力均衡系数（高峰人数与平均人数的比值）判别。正常情况下，劳动力均衡系数不应大于 2，最好控制在 1.5 以内。

2. 施工进度计划网络图

为了能够优化施工进度计划、找到关键工作以控制工期，便于实施中的控制、检查与调整，并能利用计算机进行计划的动态管理，提倡使用网络计划形式。编制要求如下：

（1）在计划编制时，可先绘制标时网络图，以便于调整；当计划确定后，最好绘制时标网络计划，以利于执行者使用。

（2）编制计划时应先绘制各分部工程的网络图，然后再组合成或单位工程的网络计划。

（3）安排进度计划时应先确定主导施工过程，并以它为主组织流水，从而进一步组织成单位工程的流水。

（4）网络计划编制后要计算出工期，并判别其是否满足工期目标要求，如不满足，应进行调整或优化。然后绘制资源动态曲线（主要是劳动力动态曲线），进行资源均衡程度的判别，如不满足要求，再进行资源优化，主要是"工期规定、资源均衡"的优化。

（5）优化完成后再绘制出正式的单位工程施工网络计划图。

3. 施工进度计划表及网络图示例

某高层公寓建筑，其室内装饰装修施工进度计划图表见图 5-6、5-7、5-8。

××公寓室内装饰装修施工进度计划表

序号	工程名称	工程量		劳动量		人数	工作日	施工进度 四月 3 6 9 12 15 18 21 24 27 30	五月 33 36 39 42 45 48 51 54 57 60	六月 63 66 69 72 75 78 81 84 87 90	七月 93 96 99 102 105 108 111 114 117 120
		单位	数量	工种	工日						
一	上区							■■■■■■■■■■	■■■■■■■■■■	■■■■■■■■■■	■■■■■■■■■■
二	中区							■■■■■■■■■■	■■■■■■■■■■	■■■■■■■■■■	■■■■■■■■■■
三	下区							■■■■■■■■■■	■■■■■■■■■■	■■■■■■■■■■	■■■■■■■■■■
四	首层及电梯桥箱装饰：										
1	清理、放线						1			▫	
2	安门框		8	木	4	4	1			▪	
3	墙面石材	m²	110	石	53	11	5			■■	
4	安装吊顶龙骨	m²	98	木	21	7	3				■
5	水电管线安装			水电	15	5	3				▫
6	安装纸面石膏板	m²	73	木	6	2	3				▪
7	顶棚及收发室墙面披腻子	m²	52	油	3	3	1				▫
8	地面石材	m²	169	石	23	11	2				■
9	安装灯具、喷洒头			水电	12	4	3				▨
10	安踢脚、饰板、门、其他设施			木	15	5	3				■
11	顶棚及墙面涂料、其他油漆	m²	52	油	9	3	3				▨
五	清理及验收										■

注：本进度计划表为标准层三个作业区及首层的总体计划安排，各标准层作业的详细进度计划表和网络计划图见5-7和5-8。

图 5-6 某高层公寓装饰装修施工进度计划横道图

××公寓标准层单区施工进度计划表

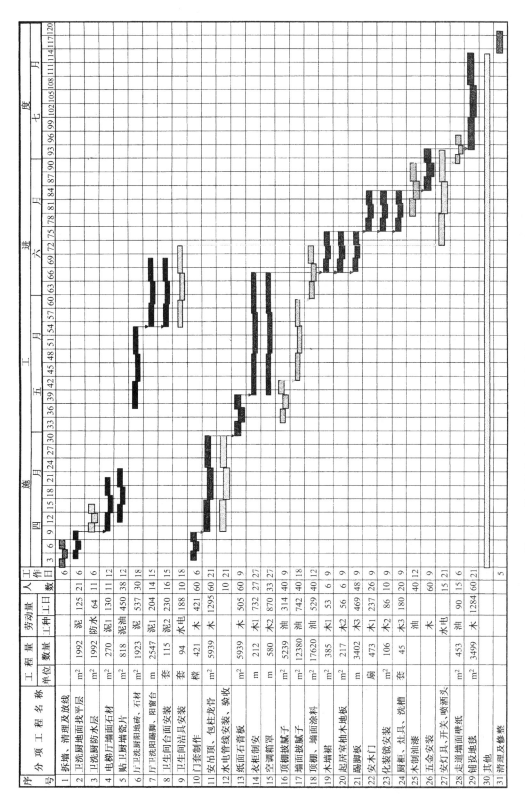

序号	分项工程名称	单位	数量	工种	工日	工作日数
1	拆墙、清理及放线					6
2	卫洗厨地面找平层	m²	1992	泥	125	21	6
3	卫洗厨防水层	m²	1992	防水	64	11	6
4	电梯厅墙面石材	m²	270	泥1	130	11	12
5	贴卫厨墙瓷片	m²	818	泥油	450	38	12
6	厅卫洗厨阳地砖、石材	m²	1923	泥	537	30	18
7	厅卫洗厨阳踢脚、阳窗台	m	2547	泥1	204	14	15
8	卫生间台面安装	套	115	泥2	230	16	15
9	卫生间洁具安装	套	94	水电	188	10	18
10	门套制作	樘	421	木	421	60	6
11	安吊顶、包柱龙骨	m²	5939	木	1295	60	21
12	水电管线安装、验收					10	21
13	纸面石膏板	m²	5939	木	505	60	9
14	衣柜制安	m	212	木1	732	27	27
15	空调箱罩	m	580	木2	870	33	27
16	顶棚披腻子	m²	5239	油	314	40	9
17	墙面披腻子	m²	12380	油	742	40	18
18	顶棚、墙面涂料	m²	17620	油	529	40	12
19	木墙裙	m²	385	木1	53	6	9
20	起居室和木地板	m²	217	木2	56	6	9
21	踢脚板	m	3402	木3	469	48	9
22	安木门	扇	473	木1	237	26	9
23	化装镜安装	m²	106	木2	86	10	9
24	厨柜、灶具、洗槽	套	45	木3	180	20	9
25	木制油漆			油		40	12
26	五金安装			木		60	9
27	安灯具,开关,喷洒头			水电		15	21
28	走道墙面壁纸	m²	453	油	90	15	6
29	铺设地毯	m²	3499	木	1284	60	21
30	其他						
31	清理及修整						5

图 5-7 某高层公寓标准层单区装饰装修施工进度计划表

值得注意的是，在编制施工进度计划图表时，最好使用工程项目计划管理应用程序软件，利用计算机进行编制。不但可大大加快编制速度、提高计划图表的表现效果，还能使计划的优化得以实现，更有利于在计划的执行过程中进行控制与调整，以实现计划的动态管理。

第五节　施工准备工作计划和资源计划的编制

一、施工准备工作计划

施工准备工作是指施工前从组织、技术、资金、劳动力、物资、生活等各方面为保证工程顺利地施工，事先要做好的各项工作。它是工程正式开工的条件，也是贯穿于施工过程始终的一项重要内容。因此，在施工组织设计中必须对其进行规划安排，以确保施工准备工作顺利进行，使其满足工程的需要。

施工准备工作一般包括以下内容：

1. 技术资料准备

(1) 熟悉与会审图纸、标准图、材料作法、有关法规及其他资料；

(2) 调查和分析研究有关资料。包括自然条件和技术经济条件等资料；

(3) 编制施工组织设计和施工预算。

2. 施工组织准备

(1) 建立工地组织机构，建立专业或混合施工队组，选择协作单位和分包单位；

(2) 组织劳动力陆续进场；

(3) 进行计划与技术交底和必要的技术培训；

(4) 建立健全各项管理制度。

3. 物资准备

(1) 组织材料、构配件、机具及设备的货源；

(2) 办理定购手续、进行采购或组织加工生产；

(3) 安排运输和储备。

4. 现场准备

(1) 障碍物的拆除及场地清理；

(2) 检修或铺设临时道路和水电管线及设施；

(3) 勘察建筑结构状况及管线设备安装情况及其有关资料；

(4) 组织材料和构配件进场；

(5) 施工机械进场，并安装调试；

(6) 搭建暂设工程。如各种加工棚、库房、办公、食堂、宿舍、工人休息室等；

(7) 进行水泥石渣浆、砂浆、粘结剂等材料配合比试验；

(8) 测量放线；

(9) 新技术项目的试制和试验；

(10) 进行样板块、样板间的制作；

(11) 设置消防、保安设施。

5. 场外准备

（1）材料、构配件及机具的加工和订货；

（2）签订分包合同；

（3）提交开工申请报告。

6. 季节性施工的准备

包括冬季、雨季施工的各项准备工作。

做好施工准备工作，必须实行统一领导、分工负责的制度，要落实到人，既有明确的分工，又有专人全面负责。根据施工进度安排的需要和要求，编制施工准备工作计划。通常可以表格形式列出（表5-4）。

单位工程施工准备工作计划　　　　　　　　　表5-4

序号	准备工作项目	简要内容	负责单位	负责人	起止日期		备注
					开始	结束	

二、资源需要量计划

资源需要量计划是根据单位工程施工进度计划要求编制的，包括劳动力、材料、构配件、加工品、施工机具等的需要量计划。它是组织物资供应与运输、调配劳动力和机械的依据，是组织有秩序、按计划顺利施工的保证，同时也是确定现场临时设施的依据。

1. 劳动力需要量计划

劳动力需要量计划主要用于调配劳动力和安排生活福利设施。其编制方法，是将单位工程施工进度计划表内所列各施工过程每天（或每旬、每月）所需的工人人数按工种进行汇总，即可得出每天（每旬、每月）所需各工种人数。所用表格形式见表5-5。

单位工程劳动力需要量计划　　　　　　　　　表5-5

序号	工种名称	总需要量（工日）	需要工人人数及时间											...
			×月			×月			×月			×月		...
			上旬	中旬	下旬	上旬	中旬	下旬	上旬	中旬	下旬	上旬	中旬	下旬	...

2. 主要材料需要量计划

材料需要量计划，主要用以组织备料、确定仓库或堆场面积和组织运输。其编制方法是将进度表或施工预算中所计算出的各施工过程的工程量，按材料名称、规格、使用时间及其消耗定额和储备定额进行计算汇总，得出每天（或旬、月）材料需要量。其表格形式见表5-6。

主要材料需要量计划 表 5-6

序号	材料名称	规格	需要量		供应时间	备注
			单位	数量		

3.构配件和半成品需要量计划

构配件和加工半成品需要量计划主要用于落实加工订货单位,组织加工、运输和确定堆场或仓库。应根据施工图纸及进度计划、储备要求及现场条件编制。其表格形式见表5-7。

构配件和半成品需要量计划 表 5-7

序号	品名	规格	图号、型号	需要量		使用部位	加工单位	供应日期	备注
				单位	数量				

4.施工机具、设备需要量计划

施工机具、设备是指施工机械、主要工具、特殊和专用设备等。其需要量计划主要用以确定机具、设备的供应日期、安排进场、工作和退场日期。可根据施工方案和进度计划进行编制。计划表的格式见表5-8。

施工机具、设备需要量计划 表 5-8

序号	机具、设备名称	类型、型号或规格	需要量		货源	进场日期	使用起止时间	备注
			单位	数量				

第六节 施工平面图设计

单位工程施工平面图是对一个建筑物的施工现场,在平面和空间上进行的规划安排。它是根据工程规模、特点和施工现场条件,按照一定的设计原则,正确地处理施工期间所需的各种暂设工程和其他业务设施等与永久性建筑物和拟装工程之间的合理位置关系。施工平面图是施工组织设计的主要组成部分,是布置施工现场,进行施工准备的重要依据,也是实现文明施工、减少占地、降低施工费用的先决条件。编制和贯彻合理的施工平面图,能使施工现场井然有序，施工方便、顺利，提高施工效率和经济效益，减少事故隐患。反之则导致施工现场混乱，直接影响施工进度，造成工程成本增加等不良后果。

单位工程施工平面图的绘制比例一般为1：200～500。当单位工程为拟建建筑群的一部分时，其施工平面图必须在全工地性施工总平面图的约束之下。此外，在平面图设计过程中，装饰装修施工单位应与设备安装单位共同协商，防止相互干扰。

一、设计的内容

单位工程施工平面图上应表明的内容有：

（1）施工场地内已有的建筑物、构筑物以及其他设施，拟装工程的位置和尺寸。

（2）已有和拟建的为施工服务的临时设施的布置，包括：

1）场地围墙，施工用的各种道路；

2）加工棚、场，搅拌站及垂直运输机械的位置；

3）各种装饰装修材料、加工半成品、构配件及施工机具的库房或堆场；

4）办公用房、宿舍、食堂、开水及浴室等生活福利用房；

5）水源、电源，临时给排水、供电管线及设备；

6）安全及消防设施；

（3）必要的图例、比例尺、方向及风向标志、有关说明等。

二、设计的依据

单位工程施工平面图应依据以下资料进行设计：

（1）原始调查资料：包括地形、气象、水文等自然条件资料和交通运输、水源、电源等技术经济资料。主要用于确定临时给排水方式，确定易燃易爆及有碍人体健康的设施布置，安排冬雨季施工期间所需设施的位置，进行道路和水电管线的布置等。

（2）设计资料：包括建筑总平面图、管道位置图、拟装工程的设计图纸资料等。它是正确确定临时房屋和其他设施位置，合理利用已有道路、管线和布置临时道路、管线的依据。

（3）现有施工条件资料：如施工组织总设计的规定或以建成的临时性、永久性设施，结构施工阶段或业主能提供的设施情况等。以便充分利用，减少新建临时设施，节约费用。

（4）装饰装修施工资料：包括施工方案、施工进度计划、资源需要量计划。以便根据垂直运输机械和其他施工机具的数量、类型，规划其位置和场地尺寸；根据材料、构配件、加工品、工具设备的高峰时期用量规划库房和堆场，据管理人员及劳动力数量规划办公和生活设施。

（5）技术资料：包括材料堆放、现场加工、仓库、办公、宿舍等面积定额，现场用水、用电定额及有关资料，现场厂容管理、安全用电、劳动保护、防火、文明施工等有关规范、规程、规定等。

三、设计的原则

1. 布置紧凑、少占地

在确保施工安全及施工能顺利地进行的条件下，要尽量紧凑布置与规划，少征施工用地，不占或少占用道路。

2. 最大限度地缩短场内的运输距离，尽可能避免二次搬运

合理安排生产流程，将材料、构配件尽可能布置在使用地点附近，对需进行垂直运输

者，尽可能布置在运输机械附近，以缩短运距，达到节约用工和减少材料损耗之目的；各种材料、构配件等，要根据施工进度并能保证连续施工的前提下，有计划地组织分期分批进场，减少场外存放，力争一次到位。

3. 尽量少建临时设施，所建临时设施应方便生产和生活使用

应对临时房屋、加工棚场及水电管线等进行适当计算，在能保证施工顺利进行的前提下，尽量减少临时建筑物或有关设施的搭设，以降低临时设施费用。应尽量利用已有的或拟装的房屋和各种管线为施工服务；对必需修建的房屋尽可能采用装拆式或临时固定式；布置时不得影响永久性工程的施工，避免二次或多次拆建；生产性临时设施的布置必须方便作业和生产操作，生活性临时设施应便于生活使用。

4. 要符合劳动保护、安全、防火等要求

平面图设计时，应尽量将生产区与生活区分开；要保证道路畅通，机械设备的钢丝绳、缆风绳以及电缆、电线、管道等不得妨碍交通；易燃设施（如木工棚、涂料仓库）和有碍人体健康的设施（如沥青锅、淋灰场），应布置在下风向处并远离生活区；根据具体情况，设置各种安全、消防设施。

根据上述原则并结合施工现场的具体情况，可设计出几个不同的平面布置方案。这些方案在技术与经济上可能互有长短，应进行分析比较，取长补短，选择或综合出一个最合理、安全、经济、可行的布置方案。

进行布置方案的比较时，可依据以下技术经济指标：施工用地面积；施工场地利用率；场内运输量；临时设施及临时建筑物的面积及费用；施工道路的长度及面积；水电管线的敷设长度；安全、防火及劳动保护是否能满足要求；且应重点分析各布置方案满足施工要求的程度。

四、设计的步骤与要求

1. 场地的基本情况

根据建筑总平面图、场地的有关资料及实际状况，绘出场地的形状尺寸；已建和拟建的建筑物或构筑物；已有的水源、电源及水电管线、排水设施；已有的场内、场外道路；围墙；施工需予以保护的树木、房屋或其他设施等。

2. 布置垂直运输机械设备

垂直运输机械设备的布置，直接影响到材料堆场、库房、构配件、搅拌站的位置及施工道路和水电管线的规划布置。因此，它的平面位置的选择是关系到施工现场全局的中心环节，必须首先考虑。

建筑装饰装修施工的垂直运输，常采用井架式及门架式升降机或外用施工电梯。井架或门架的搭设高度一般不超过30m，起吊重量分为0.5、1.0、1.2t 几种，每台班可完成80～100吊次。外用施工电梯分单笼和双笼，最大提升高度有100、150、220m 几种，载重量为0.7、1.0、2.0t 等多种。

布置井架、门架、外用电梯等垂直运输设备，应根据机械性能、建筑平面的形状和大小、施工段划分情况、材料来向和运输道路情况而定。原则上应能充分发挥机械的能力，便于人员上下和材料运输；地面及楼面的平均运距均最短；便于安装缆风绳或附墙装置；对施工作业及工程质量影响小。

当建筑物各部位高度相同时，宜布置在流水段的分界线附近；当建筑物各部位高度不

同时，宜布置在高低分界处，以使各段的楼面水平运输互不干扰。垂直运输设备应尽量布置在窗洞口处，以减少砌墙时留槎和拆除垂直运输设备后的修补工作。

垂直运输设备距建筑物外墙的距离，应视屋面檐口挑出尺寸及外脚手架的搭设宽度而定；卷扬机的位置应尽量使钢丝绳不穿越道路，距井架或门架的距离不宜小于15m，也不宜小于吊盘上升的最大高度（使司机的视仰角不大于45°），同时距拟装工程也不宜过近，以确保安全。卷扬机距其前面第一个导向滑轮的距离不应小于卷筒长度的20倍，以防止排绳混乱而造成断绳。

当垂直运输设备与塔吊同时使用时，应避开塔吊设置，以免设备本身及其缆风绳影响塔吊作业，保证施工安全。

3. 布置运输道路

现场主要道路应尽可能利用已有道路，或先建好永久性道路的路基。当其均不能满足要求时应铺设临时道路。

现场道路应按材料、构配件运输的需要，保证进出方便、行驶畅通。因此运输路线最好能围绕拟装建筑物布置成环形或"U"形，否则应在尽端处留有回车场地。路面宽度应满足运输车辆及消防车辆通行要求，一般不小于3.5m。道路的转弯半径应据路宽和车型确定，一般为7~12m。路基应坚实，路面要高出施工场地10~15cm，雨季还应起拱且铺设砂石或炉渣，道路两侧应结合地形设排水沟，沟深不小于0.4m，底宽不小于0.3m。

4. 搅拌站、加工棚、仓库和材料、构配件的布置

搅拌站、仓库和材料、构配件堆场的位置应尽量靠近使用地点或垂直运输设备，并考虑到运输和装卸的方便。布置时，应根据用量大小分出主次。现场材料的储存量应据供应状况和现场条件而定，一般情况下应不少于两个施工段或两个星期的需要量。可依据设备、施工人员及材料、构配件的高峰需用量及相应面积定额，计算出库房或堆场面积。

（1）搅拌站

搅拌站包括灰浆（或混凝土）搅拌机、砂石堆场、水泥库（罐）、白灰库或淋灰池、称量设施等，有些工程还需在搅拌机旁设置输送泵等运输设备。

为了减少水泥石渣浆、砂浆及其他灰浆的运距，搅拌站应尽可能布置在垂直运输设备附近。搅拌机的位置应考虑上料和出料的方便，周围有足够的材料存放场地，距脚手架不宜过近，以保证安全。

砂、石、水泥、白灰等材料应围绕搅拌机布置，而且其堆场或库房应在道路附近，以方便上料和材料进场。同时根据上料及称量方式，确定其与搅拌机的关系。

搅拌站应搭设搅拌机棚，并设置排水沟和污水沉淀池。

（2）加工棚、场

木加工棚，水、电及通风管线加工棚均可离建筑物稍远些，若有塔吊应尽量避开，否则须搭设防护棚。各种加工棚附近应设有原材料及成品堆放场（库）。原料堆放场地应考虑来料方便而靠近道路，成品堆放应便于往使用地点运输。木制品的加工棚、原料场及成品库还应注意远离火源且在下风处。

（3）构配件、材料堆场和仓库

各种构配件、材料应根据施工进度安排及资源需要量计划，分期分批配套进场。仓库和材料堆场的面积应经计算确定，以适应存储的需要。布置时，可按照材料使用的阶段性，

在同一场地先后可堆放不同的材料。根据材料的性质、运输要求及用量大小，布置时应注意以下几点：

1) 对大宗的、重量大的和先期使用的材料，应尽可能靠近使用地点和垂直运输设备及道路，少量的、轻的和后期使用的可布置在稍远些。

2) 对脚手架等需周转使用的材料，应布置在装卸、取用、整理方便且靠近拟装工程的地方。

3) 对受潮、污染、阳光辐射后易变质或失效的材料和贵重、易丢失、易损坏、有毒的材料、小型机械及工具等必须入库保管，或采取有效堆放措施，其位置应利于保管、保护和取用。

4) 对易燃、易爆（如防水材料库、油漆涂料库、木板材等）应远离火源且布置在下风处。对污染环境的材料（如石灰库或淋灰池等）也应布置在下风处。

5. 布置行政管理及文化、生活、福利用临时房屋

这类临时房屋包括：各种办公室、会议室、警卫传达室、宿舍、食堂、开水房、厕所及医务、浴室、文化文娱室等。在能满足生产和生活的基本需求下，应尽可能减少；且尽量利用已有设施或正式工程，以节约临时设施费用。必须修建时应经过计算确定面积。

布置临时房屋时，应保证使用方便、不妨碍施工，并符合防火及安全的要求。如办公室应靠近施工现场且距工地入口近；工人休息室应设在工人作业区；宿舍应布置在安全的上风侧等。

6. 布置水电管网设施

（1）供水设施

装修装饰阶段的施工用水量一般不会超过结构施工，应尽量利用已有的水源和管线。当其不能满足要求时，可通过供水计算和设计或根据经验进行安排。一般 5000～10000m² 的建筑物施工用水主管径为 50mm，支管径为 40mm 或 25mm。消防用水一般利用城市或建设单位的永久消防设施，如自行安排，应符合以下要求：消防水管线直径不小于 100mm；消火栓间距不大于 120m，每个消火栓的服务范围不应大于 5000m² 现场；消火栓宜布置在十字路口或转弯处的路边，距路不大于 2m，距房屋不少于 5m 也不应大于 25m。管线布置应使线路长度最短，消防水管和生产、生活用水管可合并设置。管线宜暗埋，在使用点引出，并设置水龙头及阀门。管线布置不得妨碍在建或拟装工程施工。高层建筑的施工用水要设置蓄水池和高压水泵，保证各个楼层的施工用水和消防用水。

（2）排水设施

为了便于排除地面水和地下水，要及时修通永久性下水道，并结合现场地形和排水需要，设置明或暗排水沟。当场地条件允许时，也可采取自然排水法。

（3）供电设施

装饰装修用电一般不会超过结构施工的用电量，应尽量利用已有的供电设施。当不满足要求时，应进行临时供电设计。即进行用电量计算、电源选择，电力系统选择和配置。现场用电量包括施工用电（电动机、电焊机、电热器等）和照明用电。应根据计算出的用电量选择变压器、配置导线和配电箱等设施。如果是改造工程项目，可计算出总用电数，由建设单位解决，不另设变压器；

变压器应布置在现场边缘高压线接入处，离地应大于 30cm，在 2m 以外四周用高度大

于 1.7m 的围墙或铁丝网围住。配电线宜布置在围墙边或路边，架空设置时电杆间距为 25～35m，高度为 4～6m，离开建筑物或脚手架不小于 4m。分支线及引入线均由电杆处接出。不能满足上述距离要求或在塔吊控制范围内，宜采用电缆暗埋的方式，埋设深度不小于 0.6m，电缆上下均铺设不少于 50mm 厚细砂，并覆盖砖等硬质保护层后再覆土，穿越道路或引出处需加设防护套管。

各用电器应单独设置开关箱。开关箱距用电器不得超过 3m，距分配电箱不超过 30m。

五、注意问题

建筑及其装修装饰施工是一个复杂多变的生产过程，随着工程的进展，各种机械、材料、构件等陆续进场又逐渐消耗、变动。因此，施工平面图可分阶段进行设计，但各阶段的布置应彼此兼顾。施工道路、水电管线及各种临时房屋不要轻易变动，也不应影响室外工程、地下管线及后续工程的进行。

六、现场平面布置示例

某单位工程装饰装修施工现场平面布置如图 5-10 所示。

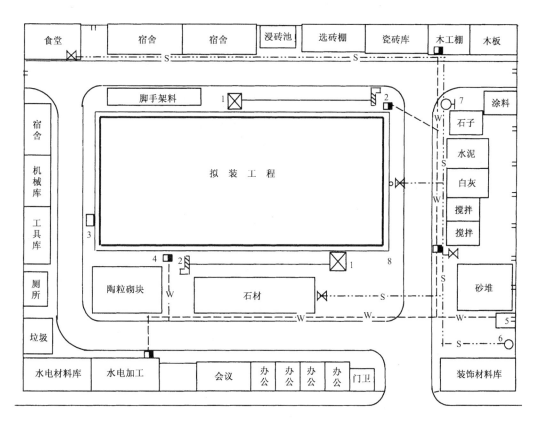

图 5-9　某单位工程施工平面图示例

1—井架；2—卷扬机；3—临时垃圾道；4—分配电箱；

5—配电室；6—水源；7—消火栓；8—消防器材

第七节　制定措施与技术经济分析

一、技术与组织措施的制定

制定技术与组织措施，是为保证质量、安全、节约和季节性施工，提出在技术、组织方面所采用的方法和要求。它是施工组织设计编制者带有创造性的工作，也是使工程获得良好的经济效益和社会效益的重要保证。

在单位工程中，应从具体工程的建筑、结构及其装饰装修的特征、施工条件、技术要求和安全生产的需要出发，拟订出具体明确、针对性强、切实可行且行之有效的措施。

（一）保证质量措施

保证质量的关键是对该类工程经常发生的质量通病制订防治措施，并建立质量保证体系。保证质量措施一般应考虑以下内容：

（1）有关装饰装修材料的质量标准、检验制度、保管方法和使用要求；

（2）主要工种工程的技术要求、质量标准和检验评定方法；

（3）对可能出现的技术问题或质量通病的改进办法和防范措施；

（4）新工艺、新材料、新技术和新构造以及特殊、复杂、关键部位的专门质量措施等。

（二）安全施工措施

安全施工措施应贯彻安全操作规程和安全技术规范，对施工中可能发生安全问题的环节进行预测，从而提出预防措施。安全施工措施主要包括：

（1）高空作业、立体交叉作业的防护和保护措施；

（2）施工机械、设备、脚手、施工电梯的稳定和安全措施；

（3）防火防爆措施；

（4）安全用电和机电设备的保护措施；

（5）预防自然灾害（防台风、防雷击、防洪水、防地震、防暑降温、防冻、防寒、防滑等）的措施；

（6）新工艺、新材料、新技术、新构造及特殊工程的专门安全措施等。

（三）降低成本措施

降低成本措施主要是针对工程施工中降低成本潜力大的（工程量大、有采取措施的可能性、有条件）项目，在不影响工程质量、易于实施且能保证安全的前提下，提出节约劳动力、材料及节约机械设备费、工具费、临时设施费、间接费和其他资金的措施，并计算出经济效果和指标。制定措施时，要正确处理降低成本与提高质量、缩短工期三者的关系，以取得较好的综合效益。

例如：提高施工的机械化程度；改善机械的利用率；采用新机械、新工具、新工艺、新材料和同效价廉的代用材料；采用先进的施工组织方法；改善劳动组织以提高劳动生产率；减少材料运输距离和储运损耗等。

（四）季节性施工措施

当工程施工跨越冬季和雨季时，就要制定冬、雨期施工措施。其目的是保证工程的施工质量、安全、工期和费用节约。

雨期施工措施要根据当地的雨量、雨期及雨期施工的工程部位和特点进行制定。要在防淋、防潮、防泡、防淹、防质量安全事故、防拖延工期等方面，分别采用"遮盖"、"疏导"、"堵挡"、"排水"、"防雷"、"合理储存"、"改变施工顺序"、"避雨施工"、"加固防陷"等措施。

冬期施工措施要根据工程所处地区的气温、降雪量、工程部位、施工内容及施工单位的条件，按有关规范及《冬期施工手册》等有关资料，制订保温、防冻、改善操作环境、保证质量、控制工期、安全施工、减少浪费的有效措施。

（五）防止环境污染的措施

为了保护环境、防止污染，应严格遵守施工现场及环境保护的有关规定，并主要制订以下几方面的措施：

（1）防止废水污染的措施。如搅拌机冲洗废水、油漆废液、磨石废水等。

（2）防止废气污染的措施。如熬制沥青、熟化石灰、某些装饰涂料或防水涂料的喷刷等。

（3）防止垃圾、粉尘污染的措施。如垃圾的运输、水泥、白灰等散装材料的装卸与堆放等。

（4）防止噪声污染的措施。如搅拌、打孔、剔凿、射钉、锯割材料等。

二、技术经济指标分析

在单位工程施工组织设计基本完成后，要计算各项技术经济指标，并反映在施工组织设计文件中，作为对施工组织设计进行评价和决策的依据。单位工程施工组织设计的技术经济指标应包括：工期指标、劳动生产率指标；质量指标；安全指标；降低成本率，机械化施工程度；主要材料节约指标等。其中主要指标及计算方法如下：

（1）总工期

从开工至竣工的全部日历天数，它反映了施工组织能力与生产力水平。可与定额规定工期或同类工程工期相比较。

（2）单方用工

指完成单位合格产品所消耗的主要工种、辅助工种及准备工作的全部用工。它反映了施工企业的生产效率及管理水平，也可反映出不同施工方案对劳动量的需求。计算式如下：

$$单方用工 = \frac{总用工数（工日）}{建筑面积（m^2）}$$

（3）质量优良品率

这是施工组织设计中确定的控制目标。主要通过保证质量措施实现，可分别对单位工程、分部分项工程进行确定。

（4）主要材料节约指标

亦为施工组织设计中确定的控制目标。靠材料节约措施实现。可分别计算主要材料节约量和主要材料节约率。

$$主要材料节约量 = 预算用量 - 施工组织设计计划用量$$

$$主要材料节约率 = \frac{主要材料计划节约额（元）}{主要材料预算金额（元）} \times 100\%$$

（5）降低成本指标

$$降低成本额 = 预算成本 - 施工组织设计计划成本$$

$$降低成本率＝\frac{降低成本额（元）}{预算成本（元）}\times100\%$$

预算成本是根据施工图按预算价格计算的成本，计划成本是按施工组织设计所确定的施工成本。降低成本率的高低可反映出不同施工组织设计所产生的不同经济效果。

第八节　编制施工组织设计应注意的问题

一、对编制装饰装修工程施工组织设计的要求

编制装饰装修工程施工组织设计必须在充分研究工程的客观情况和施工特点的基础上，结合施工企业的技术、管理力量和装备水平，从人力、财力、材料、机具和施工方法等五个环节着手，进行统筹规划、合理安排、科学组织，充分利用有限的作业时间和空间，建立正常的生产秩序，以达到用最经济的投入生产出质量好、成本低、工期短、效益好、业主满意的建筑装饰装修产品的目的。因此在编制装修装饰工程施工组织设计时应做到以下几点。

（1）编制的依据应先进可靠，方案方法要符合规定。譬如，工期上是否先进，技术上是否可靠，施工顺序是否合理，是否考虑了技术停歇时间，施工是否符合有关政策法规和规范的要求。

（2）编制的内容要繁简适度，切实可行。编制内容的简化是一个方向，施工组织设计不能面面俱到。对于已经掌握，大家十分熟悉的施工内容，不必用冗长的文字去阐述，而对那些难、新、尖的施工项目则应较详细地编写施工方法与技术措施。做到简详并举、因需制宜。

（3）编制的深度应突出重点，抓住关键。对工程上的技术难点，质量进度的关键部位，企业施工管理的薄弱环节，应该编制得详尽一些，做到有的放矢，注重实效。

二、施工组织设计的编制和实施中存在的问题

目前，在施工组织设计的编制中，往往存在以下问题：

（1）施工组织设计的针对性差。业主为缩短工期，要求早出方案、早进场，装饰装修企业往往来不及进行细致的调研分析，缺少编制施工组织设计所必需的准备时间；缺乏实际调查的依据，闭门造车，全凭个人发挥或抄袭类似项目的施工方案，缺乏针对性。

（2）施工组织设计的指导性差。由于图纸不全，装修方案变化大，对项目存在的隐含问题又缺少前瞻性等原因，造成施工组织设计的指导性和预见性不强。投标阶段的施工组织设计对招标书响应程度不够，只注重形式的奢华、外表的美观、哗众取宠，而不注重内在品质。编制的施工组织设计没有实际指导作用和控制能力，给施工组织活动带来难度；仓促编写，审批手续不全，方案得不到优化等。

（3）施工组织设计的可实施性差。由于针对性及指导性不强，再加上不正当竞争、压价、垫资、要求工期过短、现行定额相对滞后，编制素质不足等对施工组织设计编制质量的影响，使施工组织设计几乎无法实施。

在施工组织设计实施环节上存在的问题主要有：

（1）设计变更多，方案变化大，施工中计划赶不上变化，频繁变更造成材料的积压和人员的窝工，加上其他专业配合的影响，造成施工的不均衡性，窝工、抢工时有发生。

（2）装饰装修材料供货渠道多样，材料质量参差不齐，为确保工程质量，增加一些操作工序，造成材料、人员费用的增加。

（3）管理人员和工人技术素质存在较大差异，工艺水平、装饰构造、施工质量千差万别，质量问题引起的法律纠纷频繁出现。

这些问题的存在，向业内外人员的素质水平和职业道德提出了挑战。

三、编制施工组织设计需要注意的问题

实践证明，施工组织设计无论编制得如何完善，一成不变地付诸实施的几乎没有。影响施工进度和组织管理的因素非常多，这就要求施工企业做到：

（1）要不断提高施工组织设计编制的质量，不但要控制好"不变因素"，还要有预见性地掌握好"可变因素"，并及时根据实际情况进行调整。

（2）用于投标阶段的施工组织设计与施工阶段的施工组织设计，在内容和形式上各有侧重，详略有别，要分别组织编写实施，以保证质量并赢得时间。

（3）提倡施工组织设计编制手段智能化，充分利用计算机管理软件和网络，实现最新资源共享。

（4）推广ISO9000质量认证体系管理办法，使技术及管理人员熟悉与装饰装修行业相关的法律，掌握本行业领域的最新的动态与发展方向。

（5）不断培养具有较宽的知识面、敏锐的洞察力、较强的综合能力和较大的适应能力的复合型人才。

（6）施工组织设计编制要以人为本。一个好的施工组织设计能够弥补装饰装修设计和施工管理人员的不足，对业主的技术经济运作行为能够合理地融入，要在保证设计效果和施工安全、质量的前提下，有效地降低施工成本、控制好工程造价，这是评定一个施工组织设计成功与否的重要条件。

<h2 style="text-align:center">复 习 题</h2>

5-1 装饰装修单位工程施工组织设计的内容有哪些？

5-2 装饰装修单位工程施工组织设计的施工方案包括哪些内容？

5-3 装饰装修工程的施工展开程序的原则主要有哪些？

5-4 试述抹灰工程为何宜按先外后内的程序施工。

5-5 装饰装修工程的施工流向有哪些？如何确定？

5-6 确定施工顺序时，主要考虑哪些原则？

5-7 选择施工方法的基本要求有哪些？选择的内容主要包括哪些方面的？

5-8 施工机具选择的内容及原则有哪些？

5-9 施工进度计划有哪些类型及表达形式？

5-10 试述编制施工进度计划的步骤。

5-11 施工平面图设计的原则有哪些？

5-12 施工平面图设计的步骤与主要要求有哪些？

5-13 施工技术与组织措施主要包括哪几个方面？

5-14 单位工程施工组织设计主要考核有哪些技术经济指标？

第六章 装饰装修项目施工进度控制

第一节 概 述

项目施工进度控制是以项目工期为目标,按照项目施工进度计划及其实施要求,监督、检查项目实施过程中的动态变化,发现其产生偏差的原因,及时采取有效措施或修改原计划的综合管理过程。项目施工进度控制与质量控制、成本控制一样,是项目施工中重点控制目标之一,是衡量项目管理水平的重要标志。

对项目施工进度进行控制是一项复杂的系统工程,是一个动态的实施过程。通过进度控制,不仅能有效地缩短项目建设周期,减少各个单位和部门之间的相互干扰;而且能更好地落实施工单位各项施工计划,合理使用资源,保证施工项目成本、进度和质量等目标的实现,也为防止或提出施工索赔提供依据。

一、影响施工进度的因素

装饰装修工程项目的特点决定了在其实施过程中,将受到多种因素的干扰,其中大多将对施工进度产生影响。为了有效地控制工程进度,必须充分认识和估计这些影响因素,以便事先采取措施,消除其影响,使施工尽可能按进度计划进行。当出现施工进度偏差时,需结合有关影响因素,分析其产生的原因,以实现对施工进度的主动控制。影响施工进度的主要因素有:

1. 外部因素

(1) 相关单位的协调配合

影响项目施工进度实施的单位,不仅仅是施工单位,还应包括:建设单位(或业主)、监理单位、设计单位、总承包单位、资金贷款单位、材料设备供应部门、运输部门、供水供电部门及政府的有关主管部门等。项目经理不仅要控制项目施工进度,而且要做好与各相关单位的协调配合工作。否则,任何部门的配合失误,都将影响项目整体进度。

(2) 项目设计

包括:项目图纸错误、不配套、出图不及时或设计方案变更;所定材料或构造作法不可行;建设单位(业主)或其主管部门在项目实施中,改变项目原设计功能;增减工程量等。这些都将导致进度改变或施工停顿、拖后。

(3) 项目投资

建设单位(业主)不能按期拨付工程款或在施工中资金短缺,必然影响施工进度。

(4) 资源供应

如材料和设备不能按期供应或质量、规格不符合要求,运输及供水供电不足或中断,以及劳动力、机械不能满足计划需要等,而影响施工进度。

(5) 施工条件的变化

施工中实际施工条件与设计的情况不符或估计不周，如结构质量、防水状况、结构及设备安装的进展情况、场地条件及自然气候等都会对施工进度产生影响，造成临时停工或返工。

对于上述外部因素，项目经理应以合同形式明确施工条件要求及有关方面的协作配合要求，在法律的约束和保护下，尽量避免和减少损失。而对向政府主管部门、职能部门进行申报，审批、签证等工作所需的时间，应在编制进度计划时予以充分考虑，留有余地，以免干扰施工进度。

2. 项目经理部内部因素

（1）技术性失误

包括：低估了项目施工技术上的难度，施工方案选择不当，技术措施跟不上，施工方法选择或施工顺序安排有误，施工中发生质量、安全事故，应用新技术、新工艺、新材料、新构造缺乏经验等。这些，不但难以保证工程质量，而且必然会影响施工进度。

（2）施工组织失误

对工程项目的特点和实现的条件判断失误，编制的施工进度计划不科学，贯彻进度计划不得力，流水施工组织不合理，劳动力和施工机具调配不当，施工平面布置及现场管理不严密，与外层相关单位关系协调不善等，都将影响施工进度计划的执行。

由此可见，提高项目经理部的管理水平、技术水平，提高施工作业层的素质是极为重要的。

3. 不可预见的因素

施工中如果出现意外的事件，如战争、严重自然灾害、火灾、重大工程事故、工人罢工、企业倒闭、社会动乱等都会影响施工进度计划。这类情况不经常发生，一旦发生，影响甚大。

综上所述，对于进度控制必须明确一个基本思想：计划的不变是相对的，变是绝对的；平衡是相对的，不平衡是绝对的。在计划实施过程中应针对变化采取对策，定期地、经常地调整进度计划。即施工应按计划进行，计划应随着施工的变化而调整，否则就会失去计划对工程的指导作用。

二、项目施工进度的控制措施

对施工项目进行进度控制的措施主要包括：组织措施、技术措施、合同措施、经济措施和信息管理措施等。

1. 组织措施。主要是指落实各层次的进度控制的人员、具体任务和工作责任，建立进度控制的组织体系；根据施工项目的进展阶段、结构层次，专业工种或合同结构等进行项目分解，确定其进度目标，建立控制目标体系；确定进度控制工作制度，如检查时间、方法、协调会议举行的时间、参加人等；对影响进度的因素分析和预测。

2. 技术措施。主要是指采用有利于加快施工进度的技术与方法，以保证在进度调整后，仍能如期竣工。技术措施包含两方面内容：一是能保证质量、安全，经济、快速的施工技术与方法（包括操作、机械设备、工艺等）；另一方面是管理技术与方法，包括：流水作业方法、科学排序方法、网络计划技术，滚动计划方法等。

3. 合同措施。是指以合同形式保证工期进度的实现，即保持总进度控制目标与合同总工期相一致；分包合同的工期与总包合同的工期相一致；供货、供电、运输、构配件加工等合同对施工项目提供服务配合的时间应与有关进度控制目标相一致，相协调。

4．经济措施。是指实现进度计划的资金保证措施和有关进度控制的经济核算方法。

5．信息管理措施。是指建立监测、分析、调整、反馈进度实施过程中的信息流动程序和信息管理工作制度，以实现连续的、动态的全过程进度目标控制。

三、项目施工进度控制的几种基本方法

1．实施动态循环控制

项目施工进度控制是一个动态的、不断循环的过程。它是从项目施工开始，当实际进度出现了运动的轨迹，也就进入了计划执行的动态过程。实际进度按照计划进度进行时，两者相吻合；当实际进度与计划进度不一致时，便产生超前或落后的偏差。分析偏差的原因，采取相应的措施，调整原来计划，使两者在新的起点上重合，继续按其进行施工活动，并且尽量发挥组织管理的作用，使实际工作按计划进行。但是在新的干扰因素作用下，又会产生新的偏差，又需要进行新的检查、调整。这种动态循环的控制方法，是实现施工进度控制的最基本的方法。

2．建立施工项目的计划、实施和控制系统

（1）建立计划系统

在各种施工组织设计中所制定的施工进度计划的基础上，进一步完善，使其构成施工项目进度计划系统，这是对项目施工实行进度控制的首要条件。施工项目进度计划系统主要由施工项目总进度计划、单位工程施工进度计划、分部分项工程施工进度计划、季度和月（旬）作业计划等组成。计划的编制对象由大到小，计划的作用由宏观控制到具体指导，计划的内容从粗到细。编制时从总体计划到局部计划，逐层对计划的控制目标进行分解，以保证总体计划控制目标的实现和落实。执行计划时，从月（旬）作业计划开始实施，逐级按目标控制，从而达到对施工项目的整体进度控制。

（2）建立计划实施的组织系统

项目施工进度计划的实施，是由参与施工全过程的各专业队伍，遵照计划规定的目标，去努力完成一个个任务；是由施工项目经理和有关劳动调配、材料设备、采购运输等各职能部门，都按照施工进度计划以及依据施工进度计划所制定的其他计划的要求进行严格管理、落实和完成各自的任务来实现的。也就是说施工组织的各级负责人，从项目经理、施工队长、班组长及其所属全体成员组成了施工项目实施的完整组织系统。

（3）建立进度控制的组织系统

为了保证项目施工进度按计划实施，必须有一个项目进度的检查控制系统。自公司经理、项目经理，一直到作业班组都应设有专门职能部门或人员负责检查汇报，统计整理实际施工进度的资料，并与计划进度比较分析和对计划进行调整。当然不同层次人员负有不同进度控制职责，分工协作，形成一个纵横连接的施工项目控制组织系统。事实上有的领导可能既是计划的实施者又是计划的控制者，实施是计划控制的落实，控制是保证计划按期实施。

3．加强信息反馈工作

信息反馈是项目施工进度控制的依据。施工的实际进度通过信息反馈给基层施工进度控制的工作人员，在分工的职责范围内，经过其加工，再将信息逐级向上反馈，直到主控制室。主控制室整理统计各方面的信息，经比较分析做出决策，调整进度计划，仍使其符合预定工期目标。若不进行信息反馈，则无法进行计划控制。施工项目进度控制的过程就是信息反馈的过程。

4. 编制具有弹性的进度计划

装饰装修施工项目施工周期短、影响进度的因素多,其中有的已被人们掌握,根据统计经验估计出影响的程度和出现的可能性,并可在确定进度目标时,进行实现目标的风险分析。在计划编制者具备了这些知识和实践经验之后,编制施工项目进度计划时就会留有余地,也即使施工进度计划具有弹性。在进行施工项目进度控制时,便可以利用这些弹性,缩短有关工作的时间,或者改变它们之间的搭接关系,使检查之前拖延了工期的,通过缩短剩余计划工期的方法,仍可达到预期的计划目标。这就是施工项目进度控制中对弹性原理的应用。

5. 采用网络计划技术

在施工项目进度的控制中利用网络计划技术原理编制进度计划,并在执行中根据收集的实际进度信息,比较和分析进度计划,又可利用网络计划的工期优化、工期与成本优化和资源优化的理论调整计划。因此说网络计划技术是项目施工进度控制和分析计算的基本方法。

第二节 施工进度计划的贯彻与实施

施工进度计划的贯彻实施就是按施工进度计划开展施工活动,落实和完成计划。施工项目进度计划逐步实施的过程就是工程项目的逐步完成过程。为了保证施工进度计划的实施,使各项施工活动尽量按照编制的进度计划所安排的顺序和时间有秩序地进行,保证各阶段进度目标和总进度目标的实现,应做好如下工作:

一、施工项目进度计划的贯彻

1. 检查各层次的计划,形成严密的计划保证体系

施工项目各层次的施工进度计划(包括:施工总进度计划、单位工程施工进度计划、分部分项工程施工进度计划),都是围绕着一个总任务而编制的。它们之间的关系是:高层次的计划作为低层次计划的编制和控制依据,低层次计划是高层次计划的深入和具体化。在贯彻执行时,应当首先检查各计划是否紧密配合、协调一致,计划目标是否层层分解、互相衔接,在施工顺序、空间安排、时间安排、资源供应等方面有无矛盾,以组成一个可靠的计划实施的保证体系;并以施工任务书的方式下达到各施工队组,以保证计划的实施。

2. 层层签订承包合同或下达施工任务书

总承包单位与各分包单位、单位与项目经理、施工队和作业班组之间应分别签订承包合同,按计划目标明确规定合同工期,相互承担的经济责任、权限和利益,施工单位内部也可采用下达施工任务书形式,将作业任务和时间下达到施工班组,明确具体施工任务和劳动量,技术措施,质量要求等内容,使施工班组必须保证按作业计划完成规定的任务。

3. 全面和层层实行计划交底,使全体工作人员共同实施计划

施工进度计划的实施是全体工作人员的共同行动,要使有关人员都明确各项计划的目标、任务、实施方案和措施,使管理层和作业层协调一致,将计划变成全体员工的自觉行动,充分调动和发挥每个员工的干劲和创造精神。因此,在计划实施前,必须进行计划交底工作,根据计划的范围和内容,层层进行交底落实。以使施工有计划,有步骤,连续、均衡地进行。

二、施工项目进度计划的实施

施工进度计划在实施中应重点抓好以下几项工作：

1. 编制月（旬）作业计划

施工进度计划是施工前编制的，虽然目的是用于具体指导施工，但毕竟仅考虑了影响工期的主要施工过程，其内容比较粗略；且现场情况又不断发生较为复杂的变化。因此，在计划执行中还需编制短期的、更为细致具体的执行计划，这就是月（旬）作业计划。为了实施施工进度计划，将规定的任务结合现场施工条件，如施工场地的情况，材料、能源、劳动力、机械等资源条件和施工的实际进度，在施工开始前和过程中逐步编制本月（旬）的作业计划，这样，使得施工计划更具体、切合实际和可行。可以说，月（旬）计划是施工队组进行施工的直接依据，是改进施工现场管理和执行施工进度计划的关键措施。施工进度计划只有通过作业计划才能下达给工人，才有可能实现。

施工作业计划可分为月作业计划和旬作业计划，一般由三部分组成：

（1）本月（旬）内应完成的施工任务。这部分主要是确定施工进度、列出计划期间内应完成的工程项目和实物工程量，开竣工日期，以及形象进度的安排。它是编制其他部分的依据。

（2）完成计划任务的资源需要量。这部分是根据计划施工任务编制出的材料、劳动力、机具、构配件及加工品等需要量计划。

（3）提高劳动生产率和降低成本的措施。这部分是依据施工组织设计中的技术组织措施，结合计划月（旬）的具体施工情况，制定切实可行的提高劳动生产率和节约的技术组织措施。

月旬作业进度计划可用横道图表示，也可以按照网络计划的形式进行编制。实际上可以截取时标网络计划的一部分，根据实际情况加以调整并进一步细分和具体化，这种形式对计划的控制将更为方便，有利于管理。作业计划的编制必须紧密结合工程实际和修正的网络计划，提出初步的作业计划建议指标，征求各有关施工队组的意见后，进行综合平衡，并对施工中的薄弱环节采取有效措施。作业计划的编制应满足三个条件：一是做好同时施工的不同施工过程之间的平衡协调；二是对施工项目进度计划分期实施；三是施工项目的分解必须满足指导作业的要求，应划分至工序，并明确进度日程。作业计划编制后通过施工任务书下达给施工队组。

2. 签发施工任务书

编制好月（旬）作业计划以后，需将每项具体任务通过签发施工任务书的方式使其进一步落实。施工任务书是基层施工单位向施工班（组）下达任务的计划技术文件，也是实行责任承包、全面管理，进行经济核算的原始凭证；因此它是计划和实施两个环节间的纽带。

施工任务书应包括以下几方面内容：

（1）施工班（组）应完成的工程任务、工程量，完成该任务的开竣工日期和施工日历进度表。

（2）完成工程任务的资源需要量；

（3）完成工程任务所采用的施工方法，技术组织措施，工程质量、安全和节约措施的各项指标。

（4）登记卡和记录单，如限额领料单、记工单等。

由此可见，施工任务书充分贯彻和反映了作业计划的全部指标，是保证作业计划执行的基本文件，施工任务书应比作业计划更简单、扼要，以便于工人领会和掌握，常采用表格形式。

3. 做好施工进度记录，掌握现场实际情况

在计划任务完成的过程中，各级施工进度计划的执行者都要实事求是地跟踪做好施工记录，如实记载计划执行中每项工作的开始日期，工作进程和完成日期。其作用是为项目进度检查、分析、调整、总结提供信息和经验资料。

4. 做好施工中的调度工作

施工调度是组织施工中各阶段、各环节、各专业、各工种互相配合、进度协调的指挥核心。调度工作是保证施工按进度计划顺利实施的重要手段。其主要任务是掌握计划实施情况，协调各方面协作配合关系，采取措施，排除施工中出现的各种矛盾和问题，消除薄弱环节，实现动态平衡，保证作业计划的完成，以实现进度控制目标。因此，必须建立强有力的施工生产调度部门或调度网，并充分发挥其枢纽作用。

调度工作的主要内容有：监督作业计划的实施，调整和协调各方面的进度关系；监督检查施工准备工作；督促资源供应单位按计划供应劳动力、施工机具、运输车辆、材料和构配件等，并对临时出现的问题采取调配措施；按施工平面图管理施工现场，结合实际情况进行必要的调整，保证文明施工；了解气候及水、电供应情况，采取相应的防范和保证措施；及时发现和处理施工中各种事故和意外事件；调节各薄弱环节；定期召开现场调度会议，贯彻施工项目主管人员的决策，发布调度令。

调度工作必须以作业计划和现场实际情况为依据，应从施工全局出发，按政策和规章制度办事；调度工作要及时、准确、灵活、果断。

第三节　项目施工进度的监测

施工进度的监测贯穿于计划实施的始终，它是实施进度控制的重要手段，也是计划调整的重要依据。监测就是在进度计划实施过程中，由有关人员经常地，定期地检查施工的实际进度情况，收集项目施工进度资料，并进行统计整理和对比分析，找出实际进度与计划进度之间的关系，为进度调整提供依据。项目进度监测的系统过程如图 6-1 所示。

一、监测过程与要求

1. 跟踪检查施工实际进度

跟踪检查施工实际进度是分析施工进度。调整进度计划的前提，其目的是收集实际施工进度的有关数据。跟踪检查的时间、方式、内容和收集数据的质量，将直接影响进度控制工作的质量和效果。

检查的时间与施工项目的类型、规模，施工条件和对进度执行要求程度有关，通常分两类：一类是日常检查；一类是定期检查。日常检查是常驻现场管理人员，每日进行

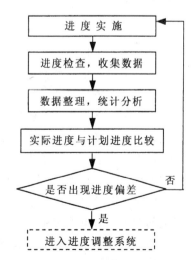

图 6-1　项目进度监测系统过程

检查，采用施工记录和施工日志的方法记载下来。定期检查一般与计划安排的周期和召开现场会议的周期相一致，可视工程的情况，每月、每半月、每旬或每周检查一次。当施工中遇到天气、资源供应等不利因素的严重影响，检查的间隔时间可临时缩短。定期检查在制度中应规定出来。

检查和收集资料的方式，一般采用进度报表方式或定期召开进度工作汇报会。为了保证汇报资料的准确性，进度控制的工作人员要经常地、定期地到现场察看，准确地掌握施工项目的实际进度。

检查的内容主要包括，在检查时间段内任务的开始时间、结束时间，已进行的时间，完成的实物量或工作量，劳动量消耗情况及主要存在的问题等。

2. 整理统计检查数据

对于收集到的施工实际进度数据，要进行必要的整理，并按计划控制的工作项目内容进行统计；要以相同的量纲和形象进度，形成与计划进度具有可比性的数据。一般可以按实物工程量、工作量和劳动消耗量以及累计百分比，整理和统计实际检查的数据，以便与相应的计划完成量相对比分析。

3. 对比分析实际进度与计划进度

将收集的资料整理和统计成与计划进度具有可比性的数据后，用实际进度与计划进度的比较方法进行比较分析。通常采用的比较方法有：横道图比较法、直角坐标图比较法和网络图比较法等。通过比较得出实际进度与计划进度是相一致，还是超前，或者是拖后等三种情况，以便为决策提供依据。

4. 施工进度检查结果的处理

施工进度检查要建立报告制度，即将施工进度检查比较的结果、有关施工进度现状和发展趋势，以最简练的书面报告形式提供给有关主管人员和部门。

进度报告的编写，原则上由计划负责人或进度管理人员与其他项目管理人员（业务人员）协作编写。进度报告时间一般与进度检查时间相协调，一般每月报告一次，重要的、复杂的项目每旬或每周一次。

进度控制报告根据报告的对象不同，一般分为以下三个级别：

（1）项目概要级的进度报告。它是以整个施工项目为对象描述进度计划执行情况的报告。它是报给项目经理，企业经理或业务部门以及监理单位或建设单位（业主）的。

（2）项目管理级的进度报告。它是以单位工程或项目分区为对象描述进度计划执行情况的报告，重点是报给项目经理和企业业务部门及监理单位。

（3）业务管理级的进度报告。它是以某个重点部位或某项重点问题为对象编写的报告，供项目管理者及各业务部门使用，以便采取应急措施。

进度报告的内容依报告的级别和编制范围的不同有所差异，主要包括：项目实施概况、管理概况、进度概要；项目施工进度、形象进度及简要说明；施工图纸提供进度；材料、物资、构配件供应进度；劳务记录及预测；日历计划；建设单位（业主），监理单位和施工主管部门对施工者的变更指令等。

二、实际进度与计划进度的比较方法

施工项目进度比较与计划调整是实施进度控制的主要环节。计划是否需要调整以及如何调整，必须以施工实际进度与计划进度进行比较分析后的结果作为依据和前提。因此，施工项目进度比较分析是进行计划调整的基础。常用的比较分析方法有以下几种。

1. 横道图比较法

用横道图表达的施工进度计划，具有简明，形象、直观，编制简单、使用方便等优点，因而长期以来被广泛应用，成为人们最为熟悉和常用的方法。

横道图比较法是指将项目实施过程中检查实际进度收集的信息，经整理后直接用横道线并列标于原计划的横道线处，能将实际进度与计划进度进行直观比较的方法。图 6-2 所示为某工程施工的实际进度与计划进度的跟踪比较。进度表中粗实线表示计划进度，其下的阴影填充线则表示工程施工的实际进度。

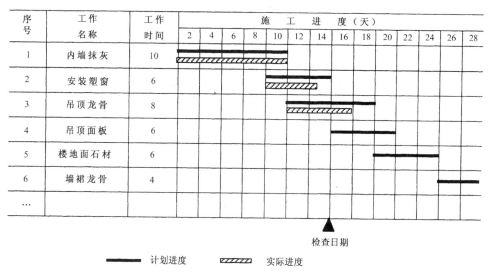

图 6-2 某工程实际进度与计划进度的比较

从图 6-2 中可以看出，在第 14 天末进行施工进度检查时，内墙抹灰工作已经按期完成；安装塑窗工作按计划进度应该全部完成，而实际施工进度只完成了任务的 5/6，即 83%，意味着已经拖后了 17%；安装吊顶龙骨工作按计划应完成 50%，而实际施工进度已完成了6/8，即 75%，已超前 25%；其他施工过程均未开始。

通过上述记录与比较，清楚地显示了实际施工进度与计划进度之间的偏差，为进度控制者采取调整措施提供了明确的信息。这是在施工项目进度控制中经常使用的一种最简单、最熟悉的记录比较方法。但它仅适用于施工中的每一项工作都是按匀速进行，即单位时间内完成的任务量是相等的情况。

这里所说的任务量可以用实物工程量、劳动消耗量和工作量三种物理量表示，为了比较方便；一般用它们实际完成量的累计百分比与计划应完成量的累计百分比进行比较。如实物工程量百分比、劳动消耗量百分比以及工作量百分比等。

实际施工中每一项工作的速度不一定固定，并且进度控制要求和提供进度信息的种类往往不同，则横道图比较法可采用以下几种表达形式：

（1）匀速施工横道图比较法

匀速施工是指施工中的每项工作的施工进展速度都是均匀不变的，即某项工作在单位时间内完成的任务量均相同，累计完成的任务量与时间成直线变化，如图 6-3 所示。

匀速施工横道图比较法，即采用横道图记录和比较计划进度与施工实际进度的状况的方法。其比较的步骤为：

1）编制横道图进度计划。需注意留出标注于下方的实际进度横道线的位置。

2）在进度计划上标出检查日期。

3）将检查收集的实际进度数据，按比例用阴影填充线标于计划进度线的下方。如图 6-2 所示。

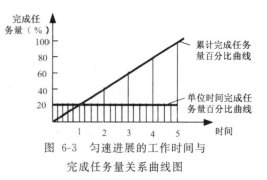

图 6-3　匀速进展的工作时间与
完成任务量关系曲线图

4）比较分析实际进度与计划进度的偏差状况。对正在进行的工程，有如下三种情况：

a. 阴影填充线右端点与检查日期相重合，则表明实际进度与计划进度相一致。

b. 阴影填充线右端点在检查日期左侧，则表明此刻实际进度比计划进度拖后。

c. 阴影填充线右端点在检查日期的右侧，则表明实际进度比计划进度超前。

应注意的是，匀速施工横道图比较法只适用从开始到完成的整个过程中，其进展速度不变，累计完成任务量与时间呈正比的工作。若工作的进展速度是变化的，则不能采用此种方法。

（2）非匀速施工单侧横道图比较法

当工作在不同的单位时间内的进展速度不同时，累计完成的任务量与时间的关系不是呈直线变化的，如图 6-4 所示。若仍采用匀速施工横道图比较法，不能反映实际进度与计划进度的对比情况，此时，可采用非匀速施工单侧横道图比较法进行比较。

非匀速施工单侧横道图比较法与匀速施工横道图比较法不同，它在标出工作实际进度线的同时，在表上还标出其对应时刻完成任务

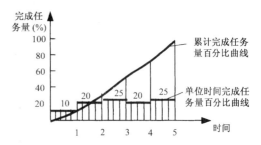

图 6-4　非匀速进展的工作时间与
完成任务量关系曲线图

的累计百分比。将该百分比与其同时刻计划完成任务的百分比相比较，即可判断工作实际进度与计划进度之间的关系。其比较方法的步骤为：

1）编制横道图进度计划。

2）在横道线上方标出各工作主要时间（计划检查时间）的计划完成任务累计百分比。

3）在计划横道线的下方，标出所跟踪检查的工作在相应日期实际完成任务累计百分比。

4）用阴影填充线标出实际进度线，并应从开工之日标起。这样，同时也可反映出施工过程中工作的连续与间断情况。

5）对照横道线上方的计划完成累计量与同时刻的下方实际完成累计量，比较出实际进度与计划进度之偏差。一般有以下三种情况：

a. 当同一时刻上下两个累计百分比相等，表明实际进度与计划进度一致。

b. 当同一时刻上面的计划累计百分比大于下面的实际累计百分比，表明该时刻实际施工进度拖后，拖后的量为二者之差。

c. 当同一时刻下面的实际累计百分比大于上面的计划累计百分比，则表明该时刻实际施工进度超前，超前的量为二者之差。

这种比较法，不仅能满足非匀速情况下进度比较要求，如果实施部门能按各指定时间及时记录完成情况，还能提供任一指定时间二者比较情况的信息。

需要注意的是：由于工作的进展速度是变化的，因此在横道图中，无论是计划的进度横线，还是实际的进度横线，都只表示工作的开始时间、持续时间和完成的时间，并不表示计划完成量和实际完成量，这两个量分别通过标注在横道线上方及下方的累计百分比数量表示。表示实际进度的阴影填充线从工作的实际开始日期画起，若工作的施工间断，亦可在线中作相应的空白。

【**例 6—1**】 某装饰装修工程，其楼地面石材铺设按施工计划安排需要 7 周完成，每周计划完成任务量百分比分别为 5%、10%、15%、20%、25%、15%、10%；试做出其计划图并在施工中进行跟踪比较。

【**解**】 1）编制横道图进度计划。这里为了简便起见，只表示了楼地面铺设工程的计划时间和进度横线，如图 6-5 所示。

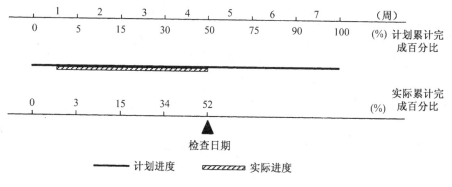

图 6-5 非匀速施工单侧横道图比较图

2）在计划横道线上方标出楼地面工程每周计划完成任务的累计百分比分别为 5%、15%、30%、50%、75%、90%、100%。

3）在横道线的下方标出工作 1 周、2 周，3 周末和检检时的实际完成任务的累计百分比，分别为：3%、15%、34%、52%（这里仅跟踪实际进度到第 4 周末）。

4）用阴影填充线标出实际进度线。从图 6-5 中可看出，实际开始工作时间比计划时间晚了半周，而开始后是连续工作的。

5）比较实际进度与计划进度的偏差。从图 6-5 中可以看出：第 1 周末的实际进度比计划进度拖后 2%；本周实际完成总任务的 3%。第 2 周末的实际进度与计划进度一致；本周完成了总任务的 12%，实际比原计划超额完成 2%。第 3 周末的实际进度比计划进度超前 4%；本周计划完成 15%，实际完成 19%。第 4 周末的实际进度比计划进度超前 2%；本周计划完成 20%，实际完成 18%，拖欠了 2%。

（3）非匀速施工双侧横道图比较法

双侧横道图比较法，也是用于工作进度按非匀速进展的情况下，进行实际进度与计划进度对比分析的一种方法。它综合了前两种比较法的优点，是对单侧横道图比较法的改进和发展。

双侧横道图比较法是将表示工作实际进度的阴影填充线，按照检查的时间和实际完成的累计百分比按比例交替地绘在计划横道线的上下两面，其长度表示该时间内完成的任务量。工作的实际完成累计百分比标于横道线下方的各检查日期处，通过两个上下相对的百分比相比较，可判断该工作的实际进度与计划进度之间的偏差，并且可明显地看出该工作在各个检查周期内及相互间进展的速度快慢。这种比较方法可从各段阴影填充线的长度看出各期间实际完成的任务量及其本期间的实际进度与计划进度之间的偏差。

其作图比较的方法和步骤为：

1）编制横道图进度计划表。

2）在横道图上方标出该工作在各主要时间（检查时间）的计划完成任务累计百分比。

3）在计划横道线的下方标出该工作相对应日期实际完成任务累计百分比。

4）用双横道阴影线分别在计划横道线上方和下方按比例交替地绘制出每次检查实际完成的百分比。

5）比较实际进度与计划进度。通过比较标在横线上下方两个累计百分比，就可看出各时段的两种进度的偏差，其结论同样可能有非匀速施工单侧横道图比较法出现的三种情况。

【例6—2】 若例6—1在实际施工中每周末检查一次，用非匀速施工双侧横道图比较法进行施工实际进度与计划进度比较，如图6-6所示。

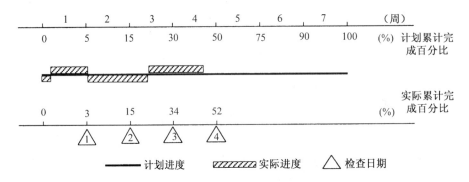

图 6-6 非匀速施工双侧横道图

其作图比较分析的方法步骤为：

1）同例6—1。

2）同例6—1。

3）在计划横道线的下方，标出该工作每周末检查的实际完成任务的累计百分比。从第1周末到第4周末分别为3%、15%、34%，52%。

4）用阴影填充线在计划横道线的上下方交替按比例画出上述百分比。

5）比较实际进度与计划进度。

非匀速施工双侧横道图比较法，除了能提供前两种方法提供的信息外，还能用各段阴影填充线长度表达在相应检查期间内工作实际进度，便于比较各阶段工作完成情况。但绘制方法和识别都比前两种方法复杂。

综上所述可以看出：横道图比较法具有记录比较方法简单、形象直观、容易掌握，应用方便等优点，因而被广泛地应用于简单的进度监测工作中。但由于它是以横道图进度计划为基础，因此带有其不可克服的局限性。如各工作之间的逻辑关系不明显、关键工作和关键线路无法确定等。一旦某些工作进度产生偏差时，难以预测其对后续工作和整个工期的影响，因而也难以确定计划的调整方法。

2. 直角坐标图比较法

直角坐标图比较法与横道图比较法的区别在于，它的实际进度与计划进度比较不是在横道进度计划图上进行，而是在专门绘制比较曲线图上进行。它是在以横坐标表示进度时间，纵坐标表示累计完成任务量的直角坐标系中，先绘制出某一施工过程按计划时间累计完成任务量的 S 形或香蕉形曲线，再将各检查时间实际完成的任务量与该曲线进行比较的一种方法。可用于一个施工项目或一项工作的进度比较。

（1）S 形曲线比较法

就一个施工项目或一项工作的全过程而言，由于资源投入及工作面展开等因素，一般是开始和结尾阶段进展速度较慢，单位时间完成任务量较少，中间阶段则较快、较多，如图 6-7（a）所示。而随时间进展累计完成的任务量，则常呈 S 形变化，如图 6-7（b）所示。将这种以 S 形曲线判断实际进度与计划进度关系的方法，称为 S 形曲线比较法。

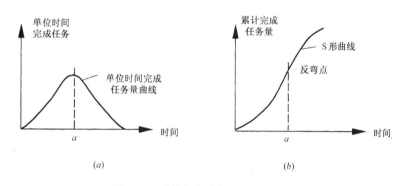

图 6-7 时间与完成任务量关系曲线

1）S 形曲线的绘制

图 6-7（a）所示的计划进度曲线只是定性分析曲线，在实际工程中很少有施工进展速度完全呈连续性变化的情况。在根据每单位时间内完成的实物工程量、投入的劳动量或费用，所计算出的计划单位时间完成的量值 q_j，往往是呈离散性变化的。但当单位时间 j 较小时，仍然可近似绘制出 S 形曲线。下面以一个简单的例子来说明 S 形曲线的绘制方法。

【例 6-3】 某抹灰工程的总抹灰量为 $10000m^2$，要求 10 天完成，其工程进展安排如表 6-1 所示，试绘制该抹灰工程的 S 形曲线。

抹灰工程进展安排表   表 6-1

时间（天）	j	1	2	3	4	5	6	7	8	9	10	合计
每日完成量（100m²）	q_j	2	6	10	14	18	18	14	10	6	2	100

【解】 根据已知条件：

（1）确定工程进度安排，绘制工程计划进展速度曲线

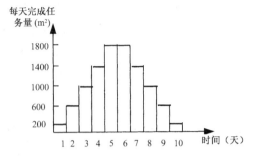

图 6-8　每日完成任务量曲线图

本题已确定了工程进展速度安排（表6-1），可按其绘制出计划进展速度曲线，如图6-8。

（2）计算到 j 时刻末完成任务的总量 Q_j

$$Q_j = \sum_{j=1}^{j} q_j \qquad (6-1)$$

例如，到第4天末，累计完成的抹灰量为：

$$Q_4 = \sum_{j=1}^{4} q_j = q_1 + q_2 + q_3 + q_4 = 200 + 600 +$$

$1000 + 1400 = 3200$ （m²），其他每天累计完成抹灰量计算结果见表6-2。

计划完成抹灰工程量汇总表　　　　　　　　　　　　　表6-2

时间（天）	j	1	2	3	4	5	6	7	8	9	10
每日完成量（100m²）	q_j	2	6	10	14	18	18	14	10	6	2
累计完成量（100m²）	Q_j	2	8	18	32	50	68	82	92	98	100

（3）绘制S形曲线

按各规定时间 j 及所对应的累计完成量 Q_j 值，绘制S形曲线如图6-9所示。

2）S形曲线的比较

利用S形曲线比较法，同横道图一样，是在图上直观地进行施工项目实际进度与计划进度的比较。一般情况下，进度控制人员在计划实施前绘制出S形曲线。在项目施工过程中，按规定时间将检查的实际完成情况，与计划S形曲线绘制在同一张图上，可得出实际进度曲线（图6-10），比较两条S形曲线可以得到如下信息：

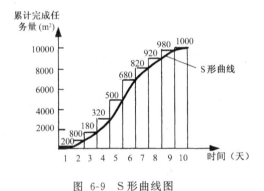

图 6-9　S形曲线图

a. 项目实际进度与计划进度比较

当实际工程进展点落在计划S形曲线左侧，则表示实际进度比计划进度超前；若落在其右侧，则表示拖后；若刚好落在其上，则表示二者一致。

b. 项目实际进度比计划进度超前或拖后的时间

如图6-10所示，ΔT_a 表示 T_a 时刻实际进度超前的时间；ΔT_b 表示 T_b 时刻实际进度拖后的时间。

c. 项目实际进度比计划进度超额或拖欠的任务量

如图6-10所示，ΔQ_a 表示 T_a 时刻超额完成的任务量；ΔQ_b 表示在 T_b 时刻拖欠的任务量。

d. 预测工程进度

如图 6-10 所示，若后期工程仍按原计划速度进行，则工期拖延预测值为 ΔT_c。

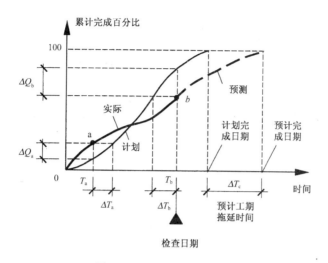

图 6-10 S形曲线比较图

（2）香蕉形曲线比较法

1）香蕉形曲线的形成

香蕉形曲线是两条 S 形曲线组合而成的闭合曲线。从 S 形曲线比较法中得知：任一施工项目或一项工作，其计划时间与累计完成任务量的关系都可以用一条 S 形曲线表示。对于一个施工项目的网络计划，在理论上总是分为最早和最迟两种开始与完成时间的。因此，一般情况，任何一个施工项目的网络计划，都可以绘制出两条曲线。其一是按各项工作的最早开始时间安排进度而绘制的 S 形曲线，称为 ES 曲线。其二是按各项工作的最迟开始时间安排进度，而绘制的 S 形曲线，称为 LS 曲线。两条 S 形曲线都是从计划的开始时刻开始、到完成时刻结束，因此两条曲线是闭合的。而其余时刻 ES 曲线上的各点均落在 LS 曲线相应点的左侧，形成一个形如"香蕉"的曲线，故此称为香蕉形曲线，如图 6-11 所示。

在项目的实施中，进度控制的理想状况是任一时刻按实际进度描绘的点，均应落在该香蕉形曲线的区域内。如图 6-11 中的实际进度曲线。

2）香蕉形曲线比较法的作用

a. 利用香蕉形曲线对施工进度进行合理安排；

b. 进行施工实际进度与计划进度比较；

c. 确定在检查状态下，后期工程的 ES 曲线和 LS 曲线的发展趋势。

3）香蕉形曲线的绘制步骤

香蕉形曲线的绘图方法与 S 形曲线的绘图方法

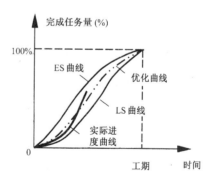

图 6-11 香蕉形曲线比较图

基本一致，所不同之处在于它是分别以工作的最早开始时间和最迟开始时间而绘制的两条 S 形曲线的结合。其具体步骤如下：

a. 以施工项目的网络计划为基础，确定该施工项目的工作数目 n 和计划检查次数 m，并计算时间参数 T_i^{ES}、T_i^{LS} （$i=1$、2、……、n）。

$b.$ 确定各项工作在不同时间，计划完成任务量；分为两种情况：

（a）以施工项目的最早时标网络图为准，确定各工作在各单位时间内的计划完成任务量，用 q_{ij}^{ES} 表示，即第 i 项工作按最早开始时间开工，在第 j 时间内完成的任务量。（$i=1$、2、……、n；$j=0$、1、2、……、m）。

（b）以施工项目的最迟时标网络图为准，确定各工作在各单位时间内的计划完成任务量，用 q_{ij}^{LS} 表示，即第 i 项工作按最迟开始时间开工，在第 j 时间内完成的任务量（$i=1$、2、……、n；$j=0$、1、2、……、m）。

$c.$ 计算总任务量 Q。施工项目的总任务量可用下式计算：

$$Q=\sum_{i=1}^{n}\sum_{j=1}^{m}q_{ij}^{ES} \tag{6-2}$$

或

$$Q=\sum_{i=1}^{n}\sum_{j=1}^{m}q_{ij}^{LS} \tag{6-3}$$

$d.$ 计算到第 j 时刻末完成的总任务量。分为两种情况：

（a）按最早时标网络计划计算完成的总任务量 Q_j^{ES} 为：

$$Q_j^{ES}=\sum_{i=1}^{i}\sum_{j=0}^{j}q_{ij}^{ES} \qquad (1\leqslant i\leqslant n,\ 0\leqslant j\leqslant m) \tag{6-4}$$

（b）按最迟时标网络图计算完成的总任务量 Q_j^{LS} 为：

$$Q_j^{LS}=\sum_{i=1}^{i}\sum_{j=0}^{j}q_{ij}^{LS} \qquad (1\leqslant i\leqslant n,\ 0\leqslant j\leqslant m) \tag{6-5}$$

$e.$ 计算到第 j 时刻末完成项目总任务量百分比。分为两种情况：

（a）按最早时标网络计划计算到 j 时刻末完成的总任务量百分比 μ_j^{ES} 为：

$$\mu_j^{ES}=\frac{Q_j^{ES}}{Q}\times100\% \tag{6-6}$$

（b）按最迟时标网络计划计算到 j 时刻末完成的总任务量百分比 μ_j^{LS} 为：

$$\mu_j^{LS}=\frac{Q_j^{LS}}{Q}\times100\% \tag{6-7}$$

$f.$ 绘制香蕉形曲线。按 μ_j^{ES}，j（$j=0$、1、……、m）描绘各点，并连接各点得 ES 曲线，按 μ_j^{LS}，j（$j=0$、1、……、m）描绘各点，并连接各点得 LS 曲线。由 ES 曲线和 LS 曲线即组成了香蕉形曲线。

4）举例说明"香蕉"形曲线的具体绘制步骤

【例 6-4】 已知某施工项目网络计划如图 6-12 所示，有关时间参数见表 6-3；完成任务量以劳动量消耗数量表示，见表 6-4。试绘制其香蕉形曲线。

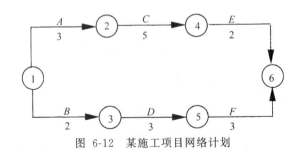

图 6-12　某施工项目网络计划

各工作有关时间参数

表 6-3

工作序号 i	工作代号	工作名称	D_i（天）	T_i^{ES}	T_i^{LS}
1	1－2	A	3	0	0
2	1－3	B	2	0	2
3	2－4	C	5	3	3
4	3－5	D	3	2	4
5	4－6	E	2	8	8
6	5－6	F	3	5	7

各项工作在不同时间内的计划完成任务量（劳动力消耗量）

表 6-4

q_{ij}（工日） i \ j（日）	q_{ij}^{ES}										q_{ij}^{LS}									
	1	2	3	4	5	6	7	8	9	10	1	2	3	4	5	6	7	8	9	10
1	4	4	4								4	4	4							
2	3	3											3	3						
3			2	2	2	1	1						2	2	2	1	1			
4			5	5	5									5	5	5				
5								4	4										4	4
6				3	3	2											3	3	2	

【解】 网络计划的工作个数 $n=6$，若计划每天末检查一次，则检查次数 $m=10$。

（1）计算施工项目的总任务量（劳动消耗量）Q：

$$Q=\sum_{i=1}^{6}\sum_{j=1}^{10}q_{ij}^{ES}=57$$

（2）计算到 j 时刻末的总任务量，Q_j^{ES} 和 Q_j^{LS}，见表 6-5。

（3）计算到 j 时刻末完成的总任务量百分比 μ_j^{ES} 和 μ_j^{LS}，见表 6-5。

计划完成总任务量及其百分比表

表 6-5

j （天）	0	1	2	3	4	5	6	7	8	9	10
Q_j^{ES}（工日）	0	7	14	23	30	37	42	46	49	53	57
Q_j^{LS}（工日）	0	4	8	15	20	27	34	40	44	51	57
μ_j^{ES}（%）	0	12	25	40	53	65	74	81	86	93	100
μ_j^{LS}（%）	0	7	14	26	35	47	60	70	77	89	100

（4）绘制香蕉形曲线。根据表 6-5 中的 j、μ_j^{ES} 和 j、μ_j^{LS} 绘制 ES 曲线和 LS 曲线而成。

如图 6-13 所示。

5）香蕉形曲线的比较

在项目实施过程中，按上述曲线绘制方法，将每次检查的各项工作实际完成的任务量，代入上述各相应公式，计算出不同时间实际完成任务量的百分比，并在香蕉形曲线的平面内绘出实际进度曲线，便可以进行实际进度与计划进度的比较。

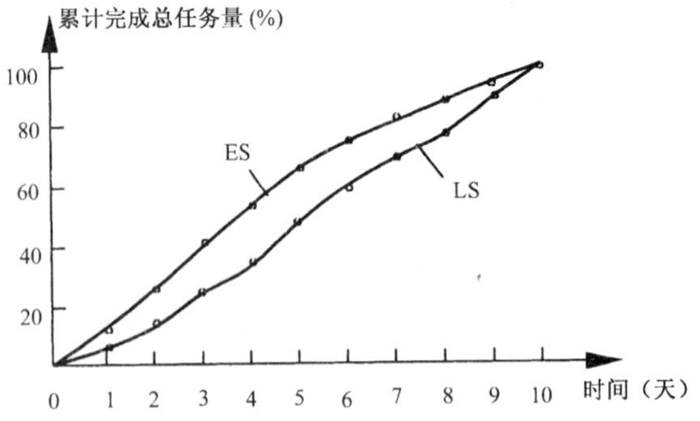

累计完成总任务量(%)

图 6-13 香蕉形曲线图

3．网络图比较法

（1）前锋线比较法

前锋线比较法是适用于时标网络计划的简单易行的进度比较方法。前锋线是指从上方的计划检查时刻的时标点出发，用点划线自上而下依次连接各项工作的实际进度点，最后至下方的计划检查时刻的时标点为止，形成的一条折线或直线段。根据前锋线与工作箭线交点的位置与检查时刻点的位置关系，可以判定实际施工进度与计划进度的偏差。简言之，前锋线法就是通过施工项目实际进度的前锋线，判定施工实际进度与计划进度偏差的方法。见例 6－5 和图 6-14 所示。

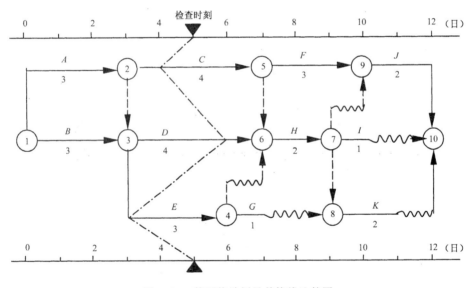

图 6-14 某网络计划及前锋线比较图

1）前锋线比较法的比较步骤

a．绘制时标网络计划图

工程实际进度的前锋线需在早时标网络计划图上标出。为了反映清楚，应在网络图的上方和下方均设置时间坐标。

b．绘制前锋线

从上方时间坐标的检查时刻画起，依次连接相邻工作箭线的实际进度点，直至下方的时间坐标的检查时刻。

　　c. 比较实际进度与计划进度

　　前锋线清楚地反映出检查时刻有关工作的实际进度与计划进度的关系。一般有以下三种情况：

　　（a）工作实际进度点位置与检查时刻的时间坐标相同，则该工作实际进度与计划进度一致；

　　（b）工作实际进度点位置在检查时刻时间坐标的右侧，则该工作实际进度超前；超前时间为二者之差；

　　（c）工作实际进度点位置在检查时刻时间坐标的左侧，则该工作的实际进度拖后，拖后时间为二者之差。

　　以上比较均是指匀速进展的工作，对于非匀速进展的工作比较方法较为复杂。

　　2）前锋线比较法的应用示例

　　【例6-5】已知时标网络计划如图6-14所示，在第5天末检查时，发现 A、B 工作已完成，C 工作已进行 1 天，D 工作已进行 3 天，E 工作还未开始。试用前锋线法记录和比较施工进度情况。

　　【解】

　　a. 按第5天末检查实际进度情况绘制前锋线，如图6-14中点划线所示。

　　b. 实际进度与计划进度比较。

　　由图6-14可以看出：C 工作拖延 1 天，D 工作超前 1 天，E 工作拖延 2 天。在此计划中，C 工作为关键工作，其拖延将影响工期，需采取计划调整措施；D 工作超前 1 天，可获得 1 天自由时差和增加 1 天的总时差；E 工作为非关键工作，虽拖延 2 天，但该工作有 2 天总时差，从总体上看暂时不影响工期，但不允许再有拖延。

　　（2）列表比较法

　　对于无时间坐标网络计划，可采用列表比较法。该法是记录在检查时应进行的工作名称和已进行的天数，然后列表计算有关参数，根据原有总时差和尚有总时差的比较，来判断实际进度与计划进度的关系。列表比较法步骤如下：

　　1）计算在检查时应该进行的工作 $i-j$ 尚需作业时间 T^2_{i-j}，其计算公式为：

$$T^2_{i-j}=D_{i-j}-T^1_{i-j} \tag{6-8}$$

式中　D_{i-j}——工作 $i-j$ 的计划持续时间；

　　　　T^1_{i-j}——工作 $i-j$ 检查时已经进行的时间。

　　2）计算工作 $i-j$ 检查时至最迟完成时间的尚余时间 T^3_{i-j}，其计算公式为：

$$T^3_{i-j}=T^{LF}_{i-j}-T^2 \tag{6-9}$$

式中　T^{LF}_{i-j}——工作 $i-j$ 的最迟完成时间；

　　　　T_2——检查时间。

　　3）计算工作 $i-j$ 尚有总时差 TF^1_{i-j}，其计算公式为：

$$TF^{T1}_{i-j}=T^3_{i-j}-T^2_{i-j} \tag{6-10}$$

　　4）填表分析工作实际进度与计划进度的偏差。可能有以下几种情况：

　　a. 若工作尚有总时差与原有总时差相等，则说明该工作的实际进度与计划进度一致；

　　b. 若工作尚有总时差小于原有总时差，但不小于零，则说明该工作的实际进度比计划进度拖后（偏差值为二者总时差之差），但不影响总工期；

c. 若工作尚有总时差为负值，则说明将对总工期有影响，应当调整。

【例 6—6】 将例 6—5 中网络计划及其检查结果，采用列表法进行实际进度与计划进度比较和情况判断。

【解】

(1) 计算在检查时应该进行的工作尚需作业时间 T^2_{i-j}。如工作 C：

$$T^2_{2-5}=D_{2-5}-T^1_{2-5}=7-4=3 \text{（天）}$$

(2) 计算各有关工作从检查时刻至最迟完成时间的尚余时间 T^3_{i-j}。如工作 C：

$$T^3_{2-5}=T^{LF}_{2-5}-T_2=7-5=2 \text{（天）}$$

(3) 计算工作 i—j 尚有总时差 TF^1_{i-j}。如工作 C：

$$TF^1_{2-5}=T^3_{2-5}-T^2_{2-5}=2-3=-1 \text{（天）}$$

其余有关工作（D、E）的时间参数计算方法相同，结果见表 6-6。

(4) 填表分析工作实际进度与计划进度的偏差并进行情况判断。见表 6-6。

工程进度检查比较表　　　　　　　　　表 6-6

工作代号	工作名称	检查时工作尚需作业时间 T^2_{i-j}	检查时刻至最迟完成时间尚余时间 T^3_{i-j}	原有总时差 TF_{i-j}	尚有总时差 TF'_{i-j}	进度比较	情况判断
2—5	C	3	7-5=2	0	2-3=-1	拖后 1 天	影响工期 1 天
3—6	D	1	8-5=3	1	3-1=2	超前 1 天	正常
3—4	E	4	9-5=4	2	4-4=0	拖后 2 天	不影响工期

第四节　施工项目进度计划的调整

一、分析进度偏差的影响

通过前述的进度比较方法，当判断出存在进度偏差时，应当分析该偏差对后续工作和对总工期的影响。

1. 分析进度偏差的工作是否为关键工作

若出现偏差的工作为关键工作，则无论偏差大小，都对后续工作及总工期产生影响，必须采取相应的调整措施，若出现偏差的工作不为关键工作，需要根据偏差值与总时差和自由时差的大小关系，确定对后续工作和总工期的影响程度。

2. 分析进度偏差是否大于总时差

若工作的进度偏差大于该工作的总时差，说明此偏差必将影响后续工作和总工期，必须采取相应的调整措施；若工作的进度偏差小于或等于该工作的总时差，说明此偏差对总工期无影响，但它对后续工作的影响程度，需要根据比较偏差与自由时差的情况来确定。

3. 分析进度偏差是否大于自由时差

若工作的进度偏差大于该工作的自由时差，说明此偏差对后续工作产生影响，应该如何调整，应根据后续工作允许影响的程度而定；若工作的进度偏差小于或等于该工作的自由时差，则说明此偏差对后续工作无影响，因此，原进度计划可以不作调整。

经过如此分析，进度控制人员可以确认应该调整产生进度偏差的工作和偏差调整值的大小，以便确定采取调整措施，获得新的符合实际进度情况和计划目标的新进度计划。

二、施工项目进度计划的调整方法

在对实施的进度计划分析的基础上，应确定调整原计划的方法，一般主要有以下两种：

1. 改变某些工作间的逻辑关系

若检查的实际施工进度产生的偏差影响了总工期，在工作之间的逻辑关系允许改变的条件下，改变关键线路和超过计划工期的非关键线路上的有关工作之间的逻辑关系，达到缩短工期的目的。用这种方法调整的效果是很显著的，例如可以把依次进行的有关工作改变为平行或互相搭接施工，以及分成几个施工段进行流水施工等，都可以达到缩短工期的目的。

2. 缩短某些工作的持续时间

这种方法是不改变工作之间的逻辑关系，而是通过增加人员或机械、增加班次来缩短某些工作的持续时间，或减少计划中的间歇时间及休息时间，而使施工进度加快，并保证实现计划工期的方法。其中被压缩持续时间的工作，应是位于由于实际施工进度的拖延而引起总工期增加的关键线路和某些非关键线路上的工作。同时，这些工作又是可压缩持续时间的工作。这种方法实际上就是网络计划优化中的工期优化方法和工期与成本优化的方法，其具体作法可参见本书第三章的有关内容。

复 习 题

6-1　影响施工进度的因素主要有哪些？

6-2　为什么施工进度计划需随施工的进展经常进行调整？

6-3　对施工项目进行进度控制主要有哪些方面的措施？哪些基本方法？

6-4　贯彻和实施进度计划应着重做好哪些方面的工作？

6-5　对施工进度监测的步骤有哪些？常采用哪些比较方法？

6-6　对于横道图施工进度计划，当匀速施工时应采用哪种记录比较方法？

6-7　对非匀速施工的项目或工作应如何比较？

6-8　S型曲线和香蕉型曲线是如何绘制的，如何利用其进行实际施工进度与计划施工进度的比较。

6-9　在时标网络计划上记录进度检查情况并进行比较分析应采用什么方法？如何进行？

6-10　如何分析项目施工进度计划是否需要调整？调整的方法有哪些？

参 考 文 献

1. 全国建筑施工企业项目经理培训教材编写委员会编·施工组织设计与进度管理·北京：中国建筑工业出版社，1997

2. 全国监理工程师培训教材编写委员会编·工程建设进度控制·北京：中国建筑工业出版社，1997

3. 朱嬿，丛培经编著·建筑施工组织·北京：科学技术文献出版社，1993

4. 王朝熙主编·装饰工程手册·北京：中国建筑工业出版社，1994

5. 中国建筑学会建筑统筹管理研究会编·工程网络计划技术·北京：地震出版社，1992.

6. 吴之昕主编·建筑装饰工长手册·北京：中国建筑工业出版社，1996

7. 孙震主编·建筑施工技术·北京：中国建材工业出版社，1996

8. 重庆建筑大学，同济大学，哈尔滨建筑大学合编·建筑施工·北京：中国建筑工业出版社，1997

9. 彭圣浩主编·建筑工程施工组织设计实例应用手册·北京：中国建筑工业出版社，1999.5 第二版

10. 穆静波编·建筑装饰工程施工组织与进度控制·北京：中国劳动社会保障出版社，2001.8 第一版